高分子ゲル

高分子学会 [編集]
宮田隆志 [著]

共立出版

「高分子基礎科学 One Point」シリーズ
編集委員会

編集委員長　渡邉正義　横浜国立大学 大学院工学研究院
編集委員　　斎藤　拓　東京農工大学 大学院工学府
　　　　　　田中敬二　九州大学 大学院工学研究院
　　　　　　中　建介　京都工芸繊維大学 分子化学系
　　　　　　永井　晃　日立化成株式会社 先端技術研究開発センタ

複写される方へ

　本書の無断複写は著作権法上での例外を除き禁じられています。本書を複写される場合は、複写権等の行使の委託を受けている次の団体にご連絡ください。
　〒107-0052　東京都港区赤坂 9-6-41　乃木坂ビル　一般社団法人 学術著作権協会
　電話 (03)3475-5618　　FAX(03)3475-5619　　E-mail: info@jaacc.jp

転載・翻訳など、複写以外の許諾は、高分子学会へ直接ご連絡下さい。

シリーズ刊行にあたって

　高分子学会では，高分子科学の全分野がまとまった教科書として「基礎高分子科学」を刊行している．この書籍は内容がよくまとまった非常に良い書籍であるものの，内容が高度であり，学部生や企業の新入社員が高分子科学を初めて学習するためには分量も多く，困難であることが多い．一方，高分子学会では，この教科書とは対照的な「高分子新素材 One Point」シリーズ，「高分子加工 One Point」シリーズ，「高分子サイエンス One Point」シリーズ，「高分子先端材料 One Point」シリーズといった，小さいサイズながらも深く良く理解できるように編集された One Point シリーズを刊行してきており，これらの One Point シリーズは手軽に入手できることから多くの読者を得ている．

　そこで，高分子学会第30期出版委員会では，これまでの One Point シリーズのコンセプトをもとに，新たに「最先端材料システム One Point」シリーズと「高分子基礎科学 One Point」シリーズを刊行することとした．前者は最先端の材料やそのシステムについてホットな話題をまとめ，すでに全巻が刊行済みで好評をいただいている．今回，刊行を開始する「高分子基礎科学 One Point」シリーズは，最先端の高分子基礎科学を，コンパクトかつ執筆者の思想を前面に押し出して執筆いただいた．

　本シリーズは，高分子精密合成と構造・物性を含めた以下の全10巻で構成される．

　　　　第1巻　精密重合Ⅰ：ラジカル重合
　　　　第2巻　精密重合Ⅱ：イオン・配位・開環・逐次重合
　　　　第3巻　デンドリティック高分子
　　　　第4巻　ネットワークポリマー
　　　　第5巻　ポリマーブラシ
　　　　第6巻　高分子ゲル
　　　　第7巻　構造Ⅰ：ポリマーアロイ

第8巻　構造Ⅱ：高分子の結晶化
　　第9巻　物性Ⅰ：力学物性
　　第10巻　物性Ⅱ：高分子ナノ物性

　各巻ごとに一テーマがまとまっているので手軽に学びやすく，また基礎から最新情報までが平易に解説されているため，初学者から専門家まで役立つものとなっている．従来の1冊の教科書を10冊に分けたことにより，各巻の執筆者が研究に掛ける熱い思いも伝えられるだろう．

　本シリーズは学会主催の各種基礎講座（勉強会）やWebinar（ウェブセミナー）等の教科書として使用することも念頭に置いて構成しているので，高分子科学をこれから学ぼうとする多くの学生や研究技術者の役にも立てるものと期待している．

　刊行にあたっては，各巻の執筆者の方々や取りまとめ担当の方々にご尽力いただいた．ここに改めてお礼申し上げる．

　2012年10月

高分子学会第30期出版委員長　渡邉正義

まえがき

　高分子ゲルの基礎は高分子科学の合成から物性，構造，機能に関わり，物理化学や有機化学，最近では無機化学も含めた基礎科学の基盤の上に成り立っている．そのため，高分子ゲルの基礎を学ぶためには，幅広い基礎科学の知識が必要となってくる．逆に言えば，高分子ゲルの基礎を通して，高分子科学の基礎全般を広く学ぶことができる．本書は，高分子基礎科学 One Point の第 6 巻として刊行されるが，執筆にあたっては高分子基礎科学を強く意識した．例えば，ゲルの膨潤理論では高分子の状態方程式である Flory-Huggins 理論を紹介し，ゲルの拡散では Fick の法則やスケーリング則などに基づいてまとめてみた．一方，ゲルの合成では，高分子合成の基礎から最近注目されているクリック反応や自己集合なども詳しく述べるようにした．

　また，高分子ゲルに関する成書は数多く出版されており，基礎理論に関しては様々な成書でまとめられている．特に，これまで出版されてきた他の One Point シリーズでも詳しく述べられており，繰り返しになるので当初は簡単に触れるのみにすることも考えた．しかし，高分子ゲルの基礎と応用を全般的に知って頂くためには，繰り返しになるが，やはりゲルの基礎理論を外すことができなかった．ただし，式の誘導などは極力避けて，最終的な式の意味を理解できるように説明を加えた．他の成書で十分に理解されている方は読み飛ばして頂いても問題ないであろう．

　一方で，ゲルの応用研究は，医療・エネルギー・環境・ナノテクなど急速に広がり，日進月歩である．これまでに刊行されているゲルに関する成書にも記載されていないようなユニークなゲルやその応用が次々と報告されている．そこで，最新のトピックスも可能な限りピックアップして紹介し，なるべく多くの参考文献を挙げた．特にゲルの物性や機能に関しては，現時点までにエポックメイキングな研究が数多く報告され，ゲル研究のターニングポイントとなった研究や，ゲルの物性と機能

を語る上で外すことができない重要な研究についてはなるべく触れるように努めた．

One Point シリーズでは，手軽に学びやすく，また基礎から最新情報まで平易に解説されていることが要求される．そのため，幅広く展開されている高分子ゲルの科学と技術を本書のみで網羅することは不可能である．また，筆者の専門領域や筆力の関係で，取り上げる内容やレベルに隔たりがあるかもしれない．そこで，具体的な研究例を紹介すると共に，可能な限り，各分野における代表的な総説を参考文献としてピックアップするように心がけた．それぞれの項目についてより深く学びたい方々は，そこで挙げた成書や総説に目を通して頂ければ，その分野を深く知ることができるであろう．

本書は，高分子ゲルのユニークな物性や機能，そして無限の可能性について少しでも触れて頂きたいという思いで執筆した．高分子ゲルの科学と技術は，広い荒野そして深くて重みのある歴史と未来があることを感じて頂き，その扉を開く役目として本書を役立てて頂きたい．本書を読み終わった読者は，すでに高分子ゲル研究の扉を開き，その向こうの広い世界に一歩を踏み入れたことになる．本書が，高分子ゲルという広い世界への歩みに対してわずかでも貢献し，高分子ゲル研究を含めた高分子科学の基礎と応用の発展につながれば幸いである．

2017 年 3 月

宮田隆志

目　　次

第1章　高分子ゲルとは　　1

第2章　ゲルの基礎理論　　9

2.1　ゲル化理論　　10
2.2　体積相転移　　13
2.3　膨潤の速度論　　17
2.4　ゲルの弾性率　　20
2.5　ゲル中の拡散　　21
　2.5.1　Fickの法則　　21
　2.5.2　自由体積理論　　23
　2.5.3　スケーリング則　　24
2.6　ゲルにおける分子間相互作用　　25

第3章　ゲルの形成　　30

3.1　一般的なゲル形成法　　30
3.2　精密重合　　35
3.3　最先端の高分子反応　　37
3.4　酵素反応　　40
3.5　自己集合　　42
3.6　粒子形成　　46
3.7　薄膜形成　　49
3.8　3D造形　　52

第4章　ゲルの構造　　53

4.1　ゲルのナノ・マイクロ・マクロ構造　　53

4.2	ゲル化過程の評価	54
4.3	膨潤度測定	55
4.4	架橋密度測定	56
4.5	散乱法	58
4.6	顕微鏡観察	66
4.7	ゲル中の水の状態	69

第5章 ゲルの物性　72

5.1	力学物性	72
5.2	吸収性・吸着性	78
5.3	光学特性	80
5.4	表面特性	81

第6章 ゲルの機能　86

6.1	刺激応答機能		86
	6.1.1	pH応答性ゲル	86
	6.1.2	温度応答性ゲル	88
	6.1.3	電場応答性ゲル	95
	6.1.4	光応答性ゲル	99
	6.1.5	分子応答性ゲル	102
	6.1.6	その他の刺激応答性ゲル	111
6.2	分離機能		112
6.3	分子認識機能		115
6.4	光制御機能		121
6.5	反応制御機能		126
6.6	生体制御機能		129
	6.6.1	生体適合性	129
	6.6.2	薬物放出	130
	6.6.3	細胞制御	134
6.7	電気化学機能		138

6.8	形状記憶機能	141
6.9	自己修復機能	142
6.10	ナノ・マイクロデバイス制御機能	147
6.11	自励振動機能	150

参考文献 152

索　引 169

第 1 章

高分子ゲルとは

　高分子ゲルは,化学的あるいは物理的に架橋された三次元網目構造をもつ高分子およびそれが溶媒などによって膨潤した物質と定義できる（図 1.1）.その歴史は古く,高分子が認識される以前から,人々は食品などとして利用してきた.現在では応用範囲が広く,寒天やゼリーなどの食品のほか,紙おむつなどの衛生用品,コンタクトレンズなどの医療機器,さらには防振ゴムなど枚挙に暇がない（図 1.2）[1-4].一方,高分子ゲルは高分子科学の学術的観点から重要な研究対象であった.高分子科学が学問として成長し始めた当初から,Flory や Stockmayer らのゲル化理論などが活発に研究されてきた.さらに,1978 年の田中による体積相転移の発見によりゲルの学術研究は飛躍的に発展し,応用研究も多岐にわたるようになった.

　ゲルに関する研究は世界的にも年々増加している.Thomson

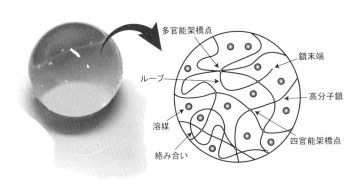

図 1.1　高分子ゲルの構造.

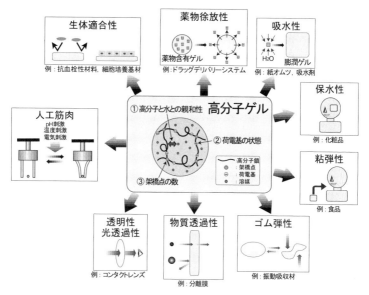

図 1.2 高分子ゲルの応用例.

Reuters の Web of Science を用いて検索式①「gel or hydrogel」,検索式②「(gel or hydrogel) and (volume phase transition)」,検索式③「(gel or hydrogel) and (responsive or sensitive or smart or intelligent)」および検索式④「(gel or hydrogel) and (tough or high strenght)」でゲルに関する論文数について検索した結果を図 1.3 に示す.

上記の体積相転移の発見後に 10 年ほどのタイムラグがあってから急激に論文数が増加している.このときに多くの研究者がゲル研究に参入し,爆発的にゲル研究の数が増えたと思われる.一方,検索式②の体積相転移に関する論文も増加しているが,絶対数としてはそれほど多くなく,1990 年代の後半以降は一定となっている.これは,体積相転移の発見以降に様々な高分子ゲルの体積相転移が網羅的に研究され,その普遍性が確認されると,体積相転移に関する基礎研究が一段落したと思われる.

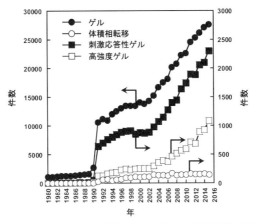

図 1.3 Web of Science により検索したゲル (●) と体積相転移 (○), 刺激応答性ゲル (■), 高強度ゲル (□) に関する論文数.

それに対して,検索式③の刺激応答性ゲルに関する論文数は,ゲル全体の論文数の推移とよく似た挙動を示した.また体積相転移に関する研究に比較して刺激応答性に関する研究の方がかなり多いことがわかる.体積相転移に関する研究が基礎研究として進められたのに対して,刺激応答性ゲルは基礎と応用の両面から研究が発展したものと思われる.ただし,検索式③で導かれる論文数は検索式①の論文数の 10% 程度なので,それらの論文がゲル研究の全体数を直接押し上げているわけではないようである.しかし,絶対数が異なるにもかかわらず,検索式①と検索式③の論文数の変化がほぼ同じ曲線を描くことは興味深い.体積相転移の発見はゲルの刺激応答性というユニークな性質として理解が進み,基礎研究から少し遅れて様々な応用研究が展開されて今日に至っている.

さらに,図 1.3 をよく見ると,2002 年付近でも再び論文数の急激な増加傾向が見られる.この辺りは高強度ゲルに関する論文が発表された年であり,その後の論文数の増加もよく対応している.検索式④の高強度ゲルに関する論文数は,検索式①のゲル全体の論文数の 2% 程度であるため,ゲルに関する研究の数を増加させている直接要因ではない.

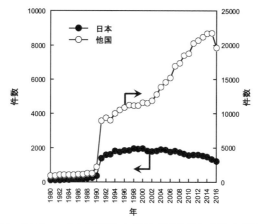

図 1.4 Web of Science により検索したゲルに関する日本（●）と他国（○）の論文数.

しかし，刺激応答性ゲルに関する研究と同様に，一つの大きな研究の潮流として高強度ゲルに関する研究も立ち上がり，ゲル研究全体の勢いにつながっていると理解できる．ただし，高強度ゲルの検索式④が十分ではないため，実際の高強度ゲルに関する論文数よりは多くカウントされているようである．一方で，検索式①の論文の中には，検索式②，③，④に掛からない論文が多数存在する．これはゲル研究の多様性を示していると思われる．このようにゲル研究は，基礎と応用が両輪のように展開され，いくつかの大きなブームも見受けられると共に，近年では研究対象が多岐にわたっていることが論文数からも推察できる．

検索式①の結果を日本とそれ以外の国に分けて図 1.4 に示す．ゲル研究論文が急激に増加した 1991 年の段階では日本からの論文が全体の 14% 程度を占めていた．しかし，世界的に論文数が伸びているにもかかわらず，日本からの論文数はほぼ横ばいであり，2015 年の段階で全体の 6% 程度にとどまっている．この結果は残念であるが，本書で紹介するようにゲル研究の転機となるような重要な研究は日本から発信されることも多い．今後は，日本から発信されるゲル研究の質と量が増加することを期待したい．

高分子ゲルに関する研究者が多く集まっている高分子学会でも，毎年開催される高分子年次大会や高分子討論会においてゲル関連の研究発表が数多く見受けられる．特に，高分子討論会では特定テーマとしてゲル研究が毎年取り上げられている．また，高分子ゲルが中心的役割を果たしているソフトマテリアルに関する数多くの国家プロジェクトや研究領域が，文部科学省や日本学術振興会，科学技術振興機構（JST），新エネルギー・産業技術総合開発機構（NEDO）などを中心として展開されている．このようにゲル研究には多くの公的資金も投入されてきた．これらは，ゲル研究が単純に学術的な興味だけではなく，多岐にわたる応用が期待されていることを意味している．

 上述したように身の回りの材料から最先端材料まで，ゲルは幅広く利用されている．このようなゲルは溶媒の有無や素材の由来，結合様式など様々な観点から分類できる（表1.1）．まず，溶媒の有無や種類に基づいて，溶媒を含まないゲルはキセロゲル，水系溶媒を含むゲルはヒドロゲル（ハイドロゲル），有機溶媒を含むゲルはオルガノゲル（リポゲル）と呼ばれている．また，ゲルを構成している材料によって有機ゲルと無機ゲル，有機—無機ハイブリッドゲル，網目の由来によっては天然ゲルや合成ゲル，網目の結合様式によって化学ゲルや物理ゲルなどに分類できる．

 化学ゲルは化学反応により形成される化学架橋（共有結合）をもち，物理ゲルは水素結合や疎水性相互作用などの分子間相互作用による集合体形成や高分子鎖の絡み合いに基づく物理架橋によって形成される．一般に，物理ゲルは温度やpHなどの外部環境変化によってゾル状態とゲル状態を可逆的に変化する可逆ゲルである．これに対して化学ゲルは通常の条件下では半永久的にゲル状態を維持する不可逆ゲルであり，外部環境変化に対しては体積を変化させることが多い．ゲルの一般的調製方法と生成したゲルの特徴を表1.2にまとめる．

 ゲルの基礎は高分子科学の基礎と直結し，ゲル研究には高分子の合成，構造，物性，そして機能に関する知識と技術が総合的に活かされている．逆に言えば，ゲル研究を広く展開するためには，備えるべき知識と技術が多岐にわたることになる．さらに，ゲルの基礎と応用を全て理

表 1.1　ゲルの分類.

分類方式	呼　　称	分類基準
構成分子	有機ゲル 無機ゲル ハイブリッドゲル 天然ゲル（天然高分子ゲル） 合成ゲル（合成高分子ゲル）	有機化合物 無機化合物 有機化合物 + 無機化合物 タンパク質，多糖類，生体組織 合成化合物，合成高分子
架橋方式	化学ゲル（化学架橋ゲル） 物理ゲル（物理架橋ゲル）	共有結合による架橋 分子間相互作用による架橋 物理的絡み合いによる架橋
溶　媒	ヒドロゲル（ハイドロゲル） オルガノゲル（リポゲル） キセロゲル，エアロゲル	水系媒体 有機系媒体 空気媒体
サイズ	マクロゲル，バルクゲル マイクロゲル ナノゲル	巨視的サイズ ミクロンサイズ，サブミクロンサイズ ナノサイズ
形　態	ゲル粒子 ゲル膜 ゲル繊維	球状 膜状，フィルム状 繊維状
不均一性	空間不均一性 トポロジー的不均一性 結合不均一性	網目密度の濃淡 絡み合いの状態 つながり程度の違い

解するためには，高分子科学だけではなく，物理化学や有機化学，無機化学，分析化学，生物学，医学まで必要になってくる．本書では，それらをなるべく網羅し，重要ポイントを取り上げている．ゲルの基礎理論から合成，構造，物性，機能に至るまでゲルの科学と技術の全体像を把握していただけるようにまとめている．一方，ある程度の知識を持っている研究者もそれらを改めて整理できるように重要項目は可能な限り細部まで取り上げた．

　ゲルの基礎を学ぶと，ゲルがスポンジではなく，高分子（または低分子の集合体）と溶媒とが一体となった一つの物質形態であることが理解できるであろう．一般に「ゲルは水を吸って膨潤する」と捉えられている．しかし，第2章で述べるゲルの基礎理論を十分に理解すると，「ゲ

表 1.2 ゲルの一般的調製法と生成ゲルの特徴.

	架橋方法	一般的手法	反応例	特徴
《共有結合による網目形成》	重合と同時に架橋	熱	重縮合 重付加反応 付加反応 付加重合	簡便 多くのモノマーに適用可能 大量モノマーの重合が可能
		触媒	レドックス開始重合	低温,温和な条件
		光	光重合 光増感重合	均一架橋 低温
		放射線	放射線重合	
		プラズマ	プラズマ開始重合	均一架橋 低温 高分子量
		電場	電解重合	低温 薄膜化
	高分子鎖を後から架橋	熱	エステル化 アミド化 ホルマール化 シッフ塩基	均一架橋 薄膜化・繊維化 高次構造や配向の固定
		光	光付加反応 光二量化反応	
		放射線	放射線架橋反応	
		プラズマ	プラズマ架橋反応	低温 表面架橋 超薄膜化
《分子間相互作用による網目形成》	van der Waals力による架橋	冷却	長鎖アルキル基の結晶化	可逆的 簡便 秩序構造 形状記憶性
	水素結合による架橋	混合・冷却 凍結・融解 凍結乾燥	ヘリックス-コイル転移 高分子間コンプレックス 水素結合による部分結晶化	可逆的 天然高分子に多い 秩序構造 力学特性に優れる 簡便
	イオン結合による架橋	混合	ポリイオンコンプレックス	可逆的 簡便
	配位結合による架橋	混合・透析	多価金属イオンとのキレート反応	可逆的 簡便 不安定
	疎水性相互作用による架橋	加熱	疎水基の凝集 高分子ミセル形成	可逆的 不安定 秩序構造

ルが水を吸って膨潤する」というよりも「ゲルの網目が拡散して膨潤する」ということがわかる．すなわち，熱エネルギーに基づくエントロピー増加を駆動力として水中にインクが拡散するように，互いに連結した高分子鎖が協同的に拡散して膨潤することが理解できる．古くから利用されているゲル，そして高分子科学の学術的な研究対象であるゲル，さらに最先端技術への応用が期待できる多彩な可能性をもったゲルに関して第 2 章以降に詳細をまとめる．

第2章

ゲルの基礎理論

　ゲル化は，高分子科学の創生期から実験的および理論的に精力的に研究され，FloryとStockmayerによって古典的ゲル化論が確立された[5]．さらに，ゲルがスマートマテリアルとして注目されるきっかけとなった体積相転移現象は平均場理論に基づくゲルの状態方程式によって予測されていたが，実験的に観測された後に基礎研究と応用研究が飛躍的に進展した．ゲルの特徴的な性質であるゴム弾性に関する基礎理論も力学物性の観点から重要であると共に，架橋構造などを評価するためにも利用されてきた．

　一方，ゲルの動的な挙動の理論的な取り扱いも重要である．平均場理論では体積相転移挙動を明確に記述できるが，外部環境が変化した際に平衡に達するまでに要する時間を知ることはできない．このような動的な変化に対してはゲル網目の拡散に基づく議論が必要である．そのため，ゲルの膨潤の経時変化は，低分子の拡散とは異なった協同拡散により記述されなければならない．ゲルの応用研究の一つであるドラッグデリバリーシステム（DDS）や吸着剤としての利用の場合には，ゲル網目中での低分子の拡散に対する理論予測が材料やシステムの設計に大いに役立つ．

　このようにゲルに関連する様々な基礎理論は，高分子科学の構造や物性の基礎と深く関わり，医療や環境，エネルギー分野などへの応用のための重要な設計指針を与える．本章では，高分子ゲルに関する重要な基礎理論について概説する．

2.1 ゲル化理論

重縮合や重付加などの逐次重合では，二官能性モノマーと多官能性モノマーを用いると反応初期では高度に分岐した多官能性の低分子量重合体が得られ，反応の進行と共に系の粘度が急激に増加して全体が不溶となってゲル化する．

このように反応の進行に伴って溶媒に不溶な三次元網目構造部分（ゲル部分）が生成し始める点をゲル化点といい，このときに反応系の重量平均分子量 $\overline{M}_\mathrm{w}$ は無限大となる（$\overline{M}_\mathrm{w} = \infty$）．ゲル化現象の理論は古くから取り扱われており，Flory と Stockmayer によって古典的なゲル化理論が構築されている．この Flory-Stockmayer（FS）のゲル化機構理論では，上記のようにモノマーが結合して三次元網目構造を形成するとき，その重量平均分子量が無限大になる点がゲル化点である．四官能基をもつモノマーが重縮合によって結合してゲル化する過程を示した樹木モデルを図 **2.1** に示す．

官能基数 f の多官能性モノマーの縮合反応では，得られる高分子の数平均重合度 $\overline{x}_\mathrm{n}$ と官能基の反応度 p との間には式 (2.1) が成立する．

$$\overline{x}_\mathrm{n} = \frac{1}{1 - (f \cdot p/2)} \tag{2.1}$$

一方，f 官能性モノマーと二官能性モノマーとの反応の場合には，枝分かれ単位が二官能性モノマーを経てつぎの枝分かれモノマーに結合する確率（1個の鎖が枝分かれ点と枝分かれ点で結ばれている確率）を α

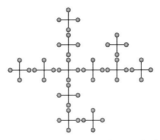

図 **2.1** 四官能性モノマーから形成される樹木モデル．

とすると，ゲル化が起こるときの臨界値 α_c は式 (2.2) のようになる．

$$\alpha_c = \frac{1}{f-1} \tag{2.2}$$

さらに，各官能基の濃度が等量であれば，ゲル化点の反応度 p_c は次式によって求めることができる．

$$\alpha_c = \frac{1}{f-1} = p_c{}^2 \tag{2.3}$$

このとき，数平均重合度は式 (2.4) のようになる．

$$\overline{x}_n = \frac{f+2}{(1-2p)f+2} \tag{2.4}$$

ゲル化点では式 (2.3) の p_c を式 (2.4) に代入すればよいので，$f=3$ の場合には $\overline{x}_n$ は 10 にも達しないことがわかる．

古典的な FS モデルでは分子内架橋による環化反応は考慮されていないが，実際の反応では分子間架橋と分子内架橋が起こっている．分子内架橋はゲル化に関与しないため，FS モデルと比較して実際の α_c は増加することになる．このように多官能性モノマーを縮合重合すると分岐構造をもつ高分子が生成し，それらが巨視的な大きさに成長するとゲル化することになる．したがって，$\alpha = \alpha_c$ の時に $\overline{M}_w = \infty$ となって樹木近似のゲル化点に達する．ゲル化点以降では反応系に存在するゲルの重量分率が 0 から急激に増加し，ゾル分率が減少する．反応終了時の $\alpha = 1$ になると，ゲル分率が 1，ゾル分率が 0 になり，最初に利用したモノマーの全てがゲルの中に取り込まれることになる．

ゲル化を臨界現象として捉えたパーコレーションモデルに基づく議論も重要である[6-8]．まず格子を組み，その格子点にモノマーを配置する．このとき，各格子点を隣接する格子点の数だけ官能基をもつモノマーとし，ある確率に従って隣接したモノマーが反応する結合パーコレーションと，ある確率に従って各格子点にモノマーを配置し，隣接するモノマーは必ず反応するとした位置パーコレーションがある．

このように，ある確率で隣接する格子点同士を連結させると，臨界点（ゲル化点）までは有限の数のモノマーが連結した有限クラスターが形成されるが，臨界点を越えて反応が進むと無限クラスターが出現す

図 2.2 パーコレーションモデルを用いたゲル化現象.

る（図 2.2）．このモデルでは，ある重合度 x をもつ生成高分子のフラクタル次元 D は，それが占める球の半径 R と次式によって関連づけられる．

$$x \propto R^D \tag{2.5}$$

詳細は省略するが，フラクタル次元は形状などの複雑さを示し，その図形が空間を占める度合いを示す指標（次元）である．例えば，パーコレーションモデルでは $D = 2.5$ であるのに対し，FS モデルでは $D = 4$ という大きな値になる．FS では三次元を越えて分子鎖が密に詰まっていることを意味しており，現実とは全く異なることがわかる．一方，パーコレーションモデルでは分子内環化反応も含まれており，分子間架橋のみを考慮した樹木状に成長する FS モデルとは異なる．しかし，いずれも各構成要素間の相関を考えない統計モデルである．その他に，コロイド粒子同士の凝集を説明するための凝集モデルがゲル化にも適用されている[9]．古典モデルとパーコレーションモデルのいずれも完全にランダムで相関のない状態でゲル構造を形成している．

高分子ゲルの網目構造は，線状高分子の架橋によっても形成できる．この場合にも架橋反応がランダムに起こると仮定すると理論的に取り扱うことができる．線状高分子の重量平均重合度 $\bar{x}_\mathrm{w}$，全モノマー単位に対する架橋しているモノマー単位の割合（架橋密度）を q とすると，無限網目が形成される条件は $1 \leq q(\bar{x}_\mathrm{w} - 1)$ である．したがって，ゲル化する臨界条件は式 (2.6) のようになる．

$$q = \frac{1}{\bar{x}_\mathrm{w} - 1} \approx \frac{1}{\bar{x}_\mathrm{w}} \tag{2.6}$$

2.2 体積相転移

低分子が液体から気体あるいは気体から液体へと不連続に体積が変化する相転移現象と同様に,ゲルも外界の環境変化によって体積が不連続に変化する体積相転移を示す(図 **2.3**)[10].このゲルの体積相転移は,1968 年に Dusek と Patterson によって平均場理論を用いて理論的に予測された[11].さらに,その 10 年後に田中によって部分加水分解ポリアクリルアミド(PAAm)ゲルを用いて実験的に体積相転移が発見された[12].その体積相転移を予測するためのゲルの状態方程式を以下に説明する.

高分子ゲルは高分子網目が溶媒で膨潤しているので,その自由エネルギー変化は高分子鎖と溶媒との混合の自由エネルギー変化($\Delta G_{\mathrm{mixing}}$)と高分子網目のゴム弾性の自由エネルギー変化($\Delta G_{\mathrm{elastic}}$),そして高分子網目に存在する対イオンの自由エネルギー変化(ΔG_{ion})の和として次式のようになる(図 **2.4**).

$$\Delta G = \Delta G_{\mathrm{mixing}} + \Delta G_{\mathrm{elastic}} + \Delta G_{\mathrm{ion}}$$
$$= -kT[(1-\phi)\ln(1-\phi) + \chi\phi(1-\phi)] + \frac{3\nu_{\mathrm{e}}kT}{2}(\lambda^2 - 1 - \ln\lambda)$$
$$- \nu_{\mathrm{e}}fkT\ln\left(\frac{V_0\lambda^3}{n\overline{v}_1}\right) \tag{2.7}$$

図 **2.3** アセトン/水混合液中での部分加水分解ポリアクリルアミドゲルの体積相転移現象.

出典:T. Tanaka: *Sci. Am.*, **244**, 124 (1981).

14 第 2 章 ゲルの基礎理論

(a) 混合

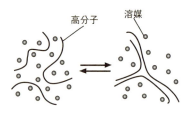

(b) 弾性

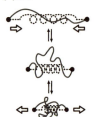

(c) イオン

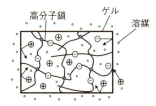

図 **2.4** ゲルに作用する浸透圧の種類.

ここで，k はボルツマン定数，T は絶対温度，ϕ は高分子の体積分率，χ は相互作用パラメータ，ν_e はネットワーク（架橋点間高分子）鎖の有効数，λ は線形膨潤比（$\lambda = d/d_0$），f は架橋点間高分子鎖 1 本あたりのイオン性基の数，V_0 は基準（ランダムウォーク）状態のゲルの体積，n は溶媒分子の数，$\bar{v}_1$ は溶媒の部分モル体積である.

一方，溶媒の浸透圧は溶媒の化学ポテンシャル変化 $\Delta \mu_1$ によって次式で定義されている.

$$\Pi = -\frac{\Delta \mu_1}{\bar{v}_1} \tag{2.8}$$

次に，式 (2.7) を式 (2.8) に代入すると，ゲルに働く浸透圧が次式のようになる.

$$\Pi = -\frac{N}{\bar{v}_1} \left(\frac{\partial \Delta G}{\partial n_1} \right)_{T,P}$$

$$\Pi = \Pi_{\text{mixing}} + \Pi_{\text{elastic}} + \Pi_{\text{ion}}$$
$$= -\frac{NkT}{\overline{v}_1}[\ln(1-\phi) + \phi + \chi\phi^2] + \nu_e kT\left[\frac{\phi}{2\phi_0} - \left(\frac{\phi}{\phi_0}\right)^{\frac{1}{3}}\right]$$
$$+ \nu_e f kT\left(\frac{\phi}{\phi_0}\right) \tag{2.9}$$

ここで，N はアボガドロ定数，ϕ_0 は初期状態での高分子の体積分率であり，膨潤度 $\alpha = \lambda^3 = V/V_0 = \phi_0/\phi$ の関係がある．式 (2.9) の第1項は Flory-Huggins 理論に基づく高分子溶液中での溶媒の化学ポテンシャル変化（式 (2.10)）から得られる溶液の浸透圧に対応しており，その中の ϕ^2 の項は高分子と溶媒との混合エンタルピーを，それ以外の項は混合エントロピーの寄与を示している．

$$\mu_1 - \mu_1^\circ = RT[\ln(1-\phi) + (1 - P^{-1})\phi + \chi\phi^2] \tag{2.10}$$

ここで，μ_1 は高分子溶液中での溶媒の化学ポテンシャル，μ_1° は溶媒の標準化学ポテンシャル，P は高分子のセグメントの数である．ゲルでは分子量が無限大なので式 (2.10) では $P^{-1} \approx 0$ となり，式 (2.9) の第1項のようになる．

また式 (2.9) の第 2 項はゴム弾性による浸透圧，第 3 項は高分子網目に存在する対イオンによる浸透圧を示している．理想溶液に対する van't Hoff の法則は式 (2.11) としてよく知られている．

$$\Pi = \frac{RT}{\overline{v}_1}x_2 = \frac{RT}{M_2}c_2 \tag{2.11}$$

ここで，x_2 は溶質のモル分率，c_2 は溶質の質量濃度，M_2 は溶質の分子量である．高分子溶液の状態方程式である式 (2.10) は，理想溶液に対する式 (2.11) に高分子と溶媒の配置エントロピーや分子間相互作用の寄与による補正が加えられている．さらにゲルの状態を示す式 (2.9) は，高分子溶液の状態にゴム弾性と対イオンの効果を追加して補正した式として捉えることができる．

ゲルが膨潤平衡に達すると浸透圧はゼロ（$\Pi = 0$）となる．そこで，式 (2.9) の右辺 $= 0$，換算温度 $\tau = 1 - 2\chi$ として整理すると，次式の

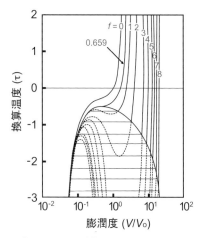

図 2.5 式 (2.12) から計算されるゲルの理論的膨潤曲線.

出典:S. Katayama, Y. Hirokawa and T. Tanaka: *Macromolecules*, **17**, 2641 (1984).

ように平衡膨潤状態にあるゲルの状態方程式が得られる.

$$
\begin{aligned}
\tau &= 1 - 2\chi \\
&= -\frac{\nu_e \overline{v}_1}{N\phi^2}\left[(2f+1)\left(\frac{\phi}{\phi_0}\right) - 2\left(\frac{\phi}{\phi_0}\right)^{\frac{1}{3}}\right] + 1 + \frac{2}{\phi} + \frac{2\ln(1-\phi)}{\phi^2}
\end{aligned}
\tag{2.12}
$$

ϕ_0/ϕ は膨潤度 (V/V_0) に相当するので,式 (2.12) に基づく τ との関係を表した図 **2.5** はゲルの理論的な膨潤曲線となる[13]. τ は ϕ_0/ϕ に対して 3 次関数になり,$f \leqq 0.659$ の場合には連続的に増加する.しかし,$f > 0.659$ になると極大値と極小値をもつようになり,エネルギー的に等しい領域を示す van der Waals ループが現れる.この領域ではゲルが同時に異なる状態をとる不安定状態となるため,不連続に体積が変化する体積相転移を示すことになる.なお,分子間相互作用がなく,体積も無視できる理想気体の状態方程式(式 (2.13))では温度と体積は比例関係にあり,連続に変化するので,当然のことながら体積相転移は示さない.

$$PV = RT \tag{2.13}$$

しかし，分子間相互作用と排除体積の効果を取り入れた van der Waals の状態方程式（式 (2.14)）の場合にはやはり温度は体積に対して 3 次関数となり，図 2.5 と同様に van der Waals ループが出現し，体積相転移を示す．

$$\left(P + \frac{a}{V^2}\right)(V - b) = RT \tag{2.14}$$

田中は加水分解した PAAm ゲルの体積が，その加水分解度，すなわち解離基の数に依存して図 **2.6** のように不連続に変化することを実験的に見出し，理論的に予測されていたゲルの体積相転移を発見した[10,12-15]．図 2.5 に示した理論膨潤曲線は図 2.6 の実験的な膨潤曲線とよく一致していることがわかる．さらに様々な合成高分子や天然高分子からなるゲルの体積相転移が観察され，ゲルの体積相転移は普遍的な現象であることが確認された．

2.3　膨潤の速度論

ゲルの膨潤または収縮の速度は，第 6 章で述べるようなゲルの機能を利用する上で重要となる．一般的な低分子の拡散では，各分子が自由に拡散するのに対し，ゲル中の分子鎖は互いに連結されているために勝手な拡散が許されない．そのため，ゲルの膨潤・収縮に関する速度論が網目鎖の協同拡散係数によって記述されることになる[16,17]．すなわち，網目の協同的な拡散が膨潤を支配し，ゲル全体のひずみエネルギーが最小になるように分子鎖が拡散するため，結果としてゲルは元の形状と相似的に膨潤することになる．今，図 **2.7** のように溶媒中のゲルの網目高分子が変位するときの運動を考える．図中の点 A の運動を平均位置からの変位 r と時間 t の関数である変位ベクトル $\vec{u}$ を用いて表す．網目の平均密度 ρ とすると，点 A の運動方程式は次のように表される．

$$\rho \frac{\partial^2 \vec{u}}{\partial t^2} = \nabla \cdot \tilde{\sigma} - f \frac{\partial \vec{u}}{\partial t} \tag{2.15}$$

ここで，$\tilde{\sigma}$ は応力テンソル，f は粘性係数に比例する摩擦係数である．

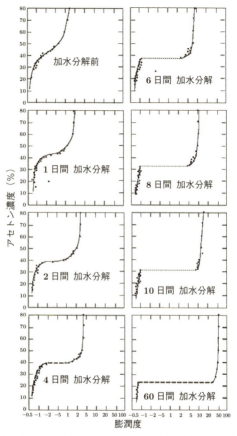

図 2.6 アセトン/水混合液中での部分加水分解ポリアクリルアミドゲルの膨潤挙動.
出典：T. Tanaka: *Sci. Am.*, **244**, 124 (1981).

右辺の第1項は弾性力，第2項は摩擦力を示している．

球状ゲルの場合，変位ベクトルは球対称であるため拡散方程式は以下のようになる．

$$\frac{\partial \vec{u}}{\partial t} = D\frac{\partial}{\partial r}\left\{\frac{1}{r^2}\left[\frac{\partial}{\partial r}\left(r^2\vec{u}\right)\right]\right\} \tag{2.16}$$

ここで，D は球状ゲルの有効拡散係数であり，体積弾性率 K に比べて

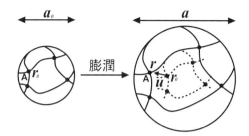

図 **2.7** ゲルの網目鎖の協同拡散による膨潤挙動．
出典：M. Shibayama and T. Tanaka: *Adv. Polym. Sci.*, **109**, 1 (1993).

せん断弾性率が無視できるとき，式 (2.17) のようになる．

$$D = \frac{K}{f} \tag{2.17}$$

したがって，D はゲル網目の弾性率と溶媒の摩擦係数の比で決まることがわかる．

この微分方程式の解として，ある時間 t におけるゲル半径の変化 $\Delta a(t)$ は，半径の全変化量 Δa_0 を用いて次式のようになる．

$$\Delta a(t) = u(a,t) = \frac{6\Delta a_0}{\pi^2} \sum_{n=1}^{\infty} n^{-2} \exp\left(-\frac{n^2 t}{\tau}\right) \tag{2.18}$$

ここで，τ はゲルの膨潤の速さを特徴づける緩和時間で，ゲルの半径 a とゲルの協同拡散係数 D を用いて次のように表される．

$$\tau = \frac{a^2}{\pi^2 D} \tag{2.19}$$

この結果は，ゲルの膨潤の緩和時間がその半径の 2 乗に比例することを示しており，ゲルのサイズが大きいほど平衡膨潤に達するまでに要する時間も長くなることを意味している．したがって，ゲルの応答時間を早くするためにはそのサイズを小さくしなければならないことがわかる．

2.4 ゲルの弾性率

ゲルの代表的な特性はゴム弾性である．ゴムの変形の自由エネルギー変化は伸長による鎖の配位エントロピーの減少から生じる．そのため，金属などのエネルギー弾性とは異なり，ゴムはエントロピー弾性を示し，その温度依存性も逆となる．ネットワーク鎖の変形が材料全体の変形に比例するというアフィン変形を仮定したゴム弾性理論に基づくと，ゲルに荷重をかけて変形させた場合には，その応力 σ と伸長比（延伸比，ひずみ）λ は次式で関係づけることができる．

$$\sigma = E\left(\lambda - \frac{1}{\lambda^2}\right) \tag{2.20}$$

$$E = \frac{RT\nu_e}{V\phi^{2/3}} = \frac{RT\nu_e}{V_0}\phi^{1/3} \tag{2.21}$$

ここで，λ は荷重をかける前の長さ l_0 に対する荷重下での長さ l の比 l/l_0，E はせん断弾性率，R はアボガドロ定数，T は絶対温度，ν_e は有効な架橋の数，V は膨潤ゲルの体積，V_0 はゲル中の高分子の体積，ϕ はゲル中の高分子の体積分率である．

図 **2.8** には架橋天然ゴムの乾燥時および膨潤時における引張試験の結果を示す[18]．図より，膨潤時に比較して乾燥時の方が初期の傾きが

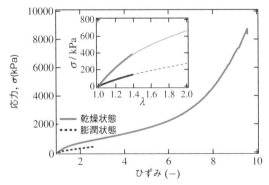

図 **2.8** 架橋天然ゴムの乾燥状態と膨潤状態の応力—ひずみ曲線．
出典：M. Shibayama: *J. Phys. Soc. Jpn.*, **78**, 041008 (2009).

大きく、ゴムが伸びにくいことがわかる．4.4節で述べるように $\lambda - \lambda^{-2}$ に対して σ をプロットすると、低延伸領域では明確な直線関係が得られ、その勾配から E を求めることができる．ただし，式 (2.20) と式 (2.21) は高分子鎖が自由に運動できるランダムウォークを仮定して導出されるため，高分子鎖がゴム状態でのみ適用可能であることに注意すべきである．

2.5 ゲル中の拡散

2.5.1 Fickの法則

ゲル中の溶質の拡散は，吸着剤や DDS などへの応用の際に重要になる．一般に，媒体中での溶質の拡散は次式のような Fick の第 1 法則と第 2 法則によって記述できる．

$$\text{Fick の第 1 法則} \quad J = -D\frac{\partial C}{\partial x} \tag{2.22}$$

$$\text{Fick の第 2 法則} \quad \frac{\partial C}{\partial t} = D\frac{\partial^2 C}{\partial x^2} \tag{2.23}$$

ここで，J は流速，C は溶質の濃度，D は拡散係数，x は空間位置である．

物質が外部から膜状ゲル（膜厚 l）内に取り込まれる場合，Fick の第 2 法則から t 時間後にゲル内に取り込まれる物質量 M_t を求めることができ，その初期と後期は次式のように近似できる．

$$\frac{M_t}{M_\infty} = \frac{4}{l}\left(\frac{Dt}{\pi}\right)^{\frac{1}{2}} \quad (0 \leq M_t/M_\infty \leq 0.6) \tag{2.24}$$

$$\frac{M_t}{M_\infty} = 1 - \frac{8}{\pi^2}\exp\left(\frac{-\pi^2 Dt}{l^2}\right) \quad (0.4 \leq M_t/M_\infty \leq 1.0) \tag{2.25}$$

ゲルから物質が放出する場合も同様の式で扱うことができ，6.6.2 項で述べるような薬物放出に対して利用されている．例えば，膜状のゲルからの薬物放出では，初期には式 (2.24) に従って時間の 1/2 乗に比例して薬物濃度が増加し，その後は式 (2.25) に従って増加する．

一方，Fick の法則に従う通常の拡散（Fickian diffusion）とは異なり，拡散係数が変化する場合には異常拡散（anomalous diffusion また

は non-Fickian diffusion) と呼ばれる現象が観察される. そこで, より一般的な物質吸収の経験式が次式で示されている.

$$\frac{M_t}{M_\infty} = kt^n \tag{2.26}$$

通常の拡散では $n = 0.5$ となるが, 異常拡散の場合は $n > 0.5$ となり, $n = 1$ の場合には特に Case II 輸送 (Case II transport) と呼ばれている. このような Fick の法則に従わない拡散は, ゲルの膨潤過程などで観察されている (6.6.2 項参照).

次に, ゲル膜を溶質が透過する場合に Fick の第2法則を適用すると, ある時間 t でゲル膜を透過した溶質の総量 Q_1 は次式で表すことができる.

$$Q_1 = \frac{DC_1}{l}\left(t - \frac{l^2}{6D}\right) - \frac{2lC_1}{\pi^2}\sum_{n=1}^{\infty}\frac{(-1)^n}{n^2}\exp\left(\frac{-Dn^2\pi^2 t}{l^2}\right) \tag{2.27}$$

ここで, C_1 は溶質の初期濃度, l はゲルの膜厚である. 十分に時間が経った定常状態では, 式 (2.27) の第2項はゼロに収束するので次式のように簡単になる.

$$Q_1 = \frac{DC_1}{l}\left(t - \frac{l^2}{6D}\right) \tag{2.28}$$

この式は, 定常状態では t と Q_1 が直線関係にあることを示している. したがって, t vs Q_1 をプロットしたときの横軸切片, すなわち $Q_1 = 0$ とした時の時間 t は遅れ時間 L として次のようになる.

$$L = \frac{l^2}{6D} \tag{2.29}$$

ゲル膜を用いて溶質の透過実験を行った一例を図 **2.9** に示す[19]. 図より, 定常状態では t と Q_1 は明確な直線関係が認められ, 式 (2.28) によく対応していることがわかる. この直線を外挿して $Q_1 = 0$ の時間を求めると遅れ時間 L を決定でき, 式 (2.29) を用いてゲル中での溶質の拡散係数 D を実験的に決定できる.

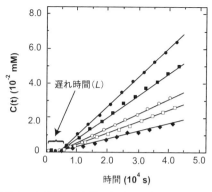

図2.9 ポリアクリルアミドゲル膜を用いたプローブ分子（色素分子）の透過実験．プローブ分子濃度．◆：4.1 mM，□：6.1 mM，○：8.1 mM，■：12.1 mM，●：16.2 mM．
出典：M. Tokita: *Jpn. J. Appl. Phys., Part 1*, **5A**, 2418 (1995).

2.5.2 自由体積理論

　高分子鎖の間隙やそのブラウン運動によって生じる隙間に基づく自由体積は，高分子のガラス転移温度（T_g）や高分子中での気体の拡散などと密接に関連している．ゲル中での溶質の拡散についてもゲル網目間に存在する含水部分が溶質の拡散領域とした自由体積理論が展開されている．ゲル中を溶質が拡散する際には次のような仮定をおく．

　仮定①：拡散物質が高分子マトリックスを貫通して拡散しない
　仮定②：溶質が拡散できる自由体積は膜中の水の自由体積に等しい
　仮定③：高分子と拡散物質との間に相互作用がない

上記の仮定を満たすとき，この自由体積理論に基づくと，ゲルの含水率（H）とゲル中での溶質の拡散係数（D）は次式で示される．

$$\frac{D_{2,3}}{D_{2,1}} = \phi(q_2) \exp\left[-B\left(\frac{q_2}{V_{f,1}}\right)\left(\frac{1}{H}-1\right)\right] \tag{2.30}$$

ここで，$D_{2,1}$は水(1)中における溶質(2)の拡散係数，$D_{2,3}$は膨潤ゲル(3)中での溶質(2)の拡散係数，q_2は溶質の断面積，$\phi(q_2)$はq_2以上，またはそれと同等の孔を満たした媒体の体積分率，Bは比例定数，$V_{f,1}$は水の自由体積である．含水率の異なるゲル膜中でのNaClの拡

散係数と含水率との関係を実験的に調べると，ゲル膜の種類に依存せず，含水率と拡散係数との関係は式 (2.30) で示された[20,21]．

2.5.3 スケーリング則

de Gennes は高分子の様々な構造や物性に対してスケーリング則を適用し，その成果によってノーベル物理学賞が授与された．スケーリング則の典型的な例としては高分子の重合度 N と鎖の慣性半径 R_0 との関係を表現した次式が知られている．

$$R_0 \propto N^\nu \tag{2.31}$$

ここで，ν は Flory 指数であり，高分子鎖と溶媒との親和性によって変化する鎖の広がりに依存する．θ 溶媒中での高分子鎖に対しては $\nu = 1/2$ となり，高分子鎖がより広がっている良溶媒中では $\nu = 3/5$ となる．ゲル中での溶質の拡散に関してもスケーリング則に基づく関係が見出されている．

一般に，粘度 η の溶液中における流体半径 R の溶質の拡散係数 D_0 は，次式のような Stokes-Einstein の式で表される．

$$D_0 = \frac{kT}{6\pi\eta R} \tag{2.32}$$

これに対して，ゲル網目中での溶質の拡散係数 D は，その溶質の分子サイズ R とネットワークの相関長 ξ との比によってスケールされるので，スケーリング関数 $f(x)$ を用いて次式のように表される．

$$\frac{D}{D_0} = f\left(\frac{R}{\xi}\right) \tag{2.33}$$

一方，R は溶質の分子量 M に，ξ はゲル形成時のプレゲル溶液の濃度またはモノマー濃度 ϕ に依存する．さらに，流体理論より $f(x) = \exp(-x)$ の関数を有するので，ゲル網目中の溶質の拡散係数は次式で示すことができる．

$$\frac{D}{D_0} = \exp\left(-M^{1/3}\phi^{3/4}\right) \tag{2.34}$$

ゲル中における様々な溶質の拡散係数と $M^{1/3}\phi^{3/4}$ との片対数プロ

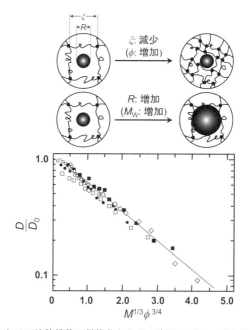

図 2.10 水中での拡散係数で規格化したゲル内でのプローブ分子の拡散係数 (D/D_0) と $M^{1/3}\phi^{3/4}$ との関係. ○:水, ●:エタノール, □:グリセリン, ■:ポリエチレングリコール, ◇:スクロース.

出典:M. Tokita, T. Miyoshi, K. Takegoshi and K. Hikichi: *Phy. Rev. E*, **53**, 1823 (1996).

ットを図 **2.10** に示す[22]. 溶質に依存せず, いずれの場合にも式 (2.34) に基づく一本の直線上にプロットが存在する. このようにゲル網目中での拡散は溶質の分子サイズと網目のサイズの比のべき乗則で表されることがわかる.

2.6 ゲルにおける分子間相互作用

ゲルの膨潤挙動は, 式 (2.12) で示した状態方程式からわかるようにゲルを構成している高分子鎖と溶媒との相互作用, 架橋点数, そして高分子鎖中のイオンの数によって決まる. 高分子鎖と溶媒との相互作用は高分子鎖同士の分子間相互作用とも関係しており, ゲルの体積相転移は

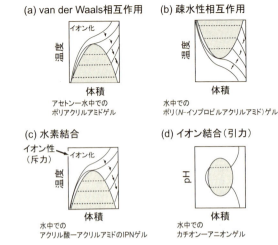

図 2.11 4 種類の分子間相互作用によって誘起されるゲルの体積相転移.
出典：M. Annaka and T. Tanaka: *Nature*, **355**, 430 (1992).

分子間相互作用によって整理できる．ゲルを構成する高分子鎖間の分子間相互作用としては，主に van der Waals 相互作用，水素結合，イオン結合（狭義で静電的相互作用とよばれる場合もある），そして疎水性相互作用などが挙げられる．

van der Waals 相互作用は，電荷の誘導や量子力学的な揺らぎによって生じた一時的な電気双極子により生じる弱い相互作用である．水素結合は，酸素原子のような電気陰性度の大きな原子に結合した水素原子とその近傍に存在する窒素や酸素などの電気的に陰性な原子との間に働く引力的相互作用であり，van der Waals 相互作用よりも 10 倍程度強い．イオン結合は，陽イオンや陰イオンの間に働くクーロン力による引力と斥力であり，水素結合よりも強い相互作用である．これらはいずれもエンタルピーに基づく相互作用である．一方，水中に存在する疎水性分子の周りにはエントロピーの低い水分子が存在するため，その水分子を開放するために疎水性分子同士が集合する．これは疎水性相互作用と呼ばれ，エントロピーに基づく相互作用である．

上記のような様々な相互作用によりゲルの膨潤挙動が決定される．ゲ

2.6 ゲルにおける分子間相互作用

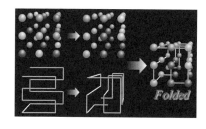

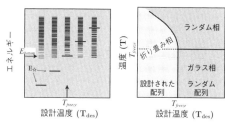

図 **2.12** ヘテロポリマーのコンフォメーションとエネルギー．

出典：V.S. Pande, A.Y. Grosberg and T. Tanaka: *Rev. Mod. Phys.*, **72**, 259 (2000).

ル中に働く相互作用と膨潤挙動との関係を表した模式図を図 **2.11** に示す．van der Waals 相互作用と水素結合，イオン結合（引力）はエンタルピー支配的なので，温度上昇に伴って高分子鎖間の相互作用が弱くなり，ゲルは膨潤する傾向を示す．一方，疎水性相互作用はエントロピー支配的なので，温度上昇に伴って高分子鎖間の相互作用は強くなり，ゲルは収縮することになる．逆に言えば，ゲルの膨潤度の温度依存性を調べることにより，その高分子鎖間に作用する分子間相互作用がエンタルピー支配的かエントロピー支配的かを知ることができる．このようにゲルは，その高分子鎖間に働いている分子間相互作用をマクロな状態変化として視覚化することができる．

上記のような高分子鎖間の相互作用とゲルの安定構造（相）との関係は，タンパク質の折り畳み（フォールディング）構造に対するモデルとして有用である．2 種以上の異なるモノマーからなる高分子（ヘテロポリマー）では，高分子鎖間に複数の相互作用が働くことになる．このようなヘテロポリマーの配列と構造について格子モデルを用いて理論的

に検討されている[23,24]．モノマー間の相互作用を一様ではないと仮定し，配列と構造をデカップリングしてヘテロポリマーのコンフォメーションに対してエネルギー計算すると，ある条件下ではタンパク質の折り畳み構造のような安定構造を形成するエネルギーミニマム（エネルギーファネル）の出現を予測できる（図 2.12）．

これらの結果は，多彩なアミノ酸からなるタンパク質が多様な相互作用により折り畳み構造を形成することと同様に，ヘテロポリマーにも折り畳み構造を刷り込むことができることを意味している．例えば，イオン結合と水素結合の2種の相互作用が働く共重合体ゲルがアクリル酸（AAc）と3-(メタクリロイルアミノ)プロピルトリメチルアンモニウムクロリド（MAPTAC）とから調製され，pH変化による膨潤度変化が調べられた[25]．その結果，AAc-MAPTAC共重合体ゲルはいくつもの安定な膨潤度を示し，それらの間を不連続に変化する相図，すなわちゲルの多重相が発見された（図 2.13）．ゲルの多重相の存在はタンパク質の折り畳み構造やランダム構造などの存在と等価であり，ヘテロポリマーゲルがタンパク質の折り畳み構造の形成に対するモデルとして有望である[26]．

2.6 ゲルにおける分子間相互作用 29

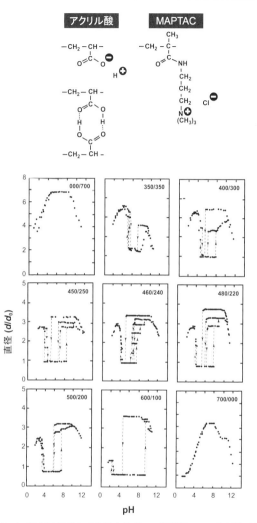

図 2.13 AAc と MAPTAC との共重合体ゲルの膨潤度の pH 依存性（ゲルの多重相）.
出典：M. Annaka and T. Tanaka: *Nature*, **355**, 430 (1992).

第 3 章

ゲルの形成

　高分子ゲルは架橋の形態によって化学架橋ゲルと物理架橋ゲルに大別できる．化学架橋ゲルは分子鎖同士が共有結合によって三次元網目を形成している．そのため，モノマーの重合によるゲル形成では一般的なラジカル重合をはじめとした多様な重合が用いられ，高分子鎖同士の架橋反応では様々な高分子反応を利用した網目形成によってゲルが合成されている．一方，物理架橋ゲルの場合には分子鎖同士が水素結合や疎水性相互作用などの分子間相互作用によって集合体になり，それらが三次元網目を形成してゲル化する．

　このようにゲルを調製するためには，高分子あるいは低分子が互いに結合あるいは相互作用することによって三次元網目を形成しなければならない．本章では，化学架橋ゲルおよび物理架橋ゲルをつくる方法として，一般的方法から最近注目されている最新の方法まで幅広く紹介する．

3.1　一般的なゲル形成法

　ここでは，化学架橋ゲルと物理架橋ゲルの一般的な形成方法について述べる．化学架橋ゲルの一般的な合成方法として次の 2 種類に大別できる（図 **3.1**）[27]．

　①主鎖モノマーと架橋剤モノマー（多官能性モノマー）との共重合
　②多官能性化合物を用いた高分子鎖の架橋

　吸水性樹脂などの合成高分子からなるゲルは方法①により合成される場合が多い．例えば，図 **3.2** に示すように親水性モノマーと多官能性モノマーとを共重合することにより容易にヒドロゲルを合成できる．これらのモノマーを重合する場合には，一般的にラジカル重合開始剤

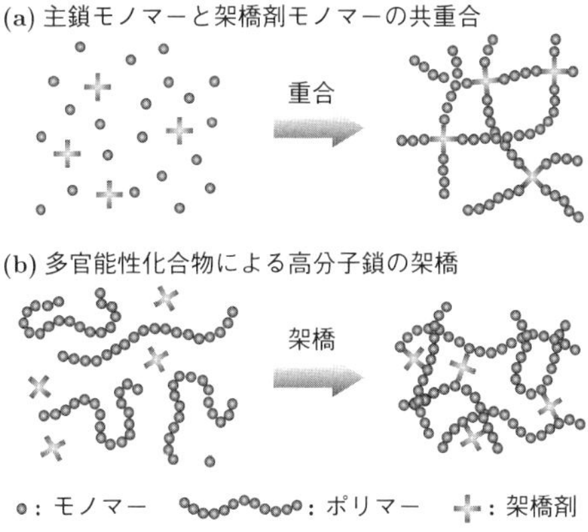

3.1 一般的なゲル形成法　31

(a) 主鎖モノマーと架橋剤モノマーの共重合

(b) 多官能性化合物による高分子鎖の架橋

○：モノマー　～○○～：ポリマー　┼：架橋剤

図 3.1　化学架橋ゲルの一般的合成法.

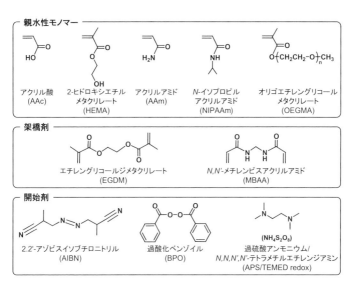

図 3.2　化学架橋ゲルの合成に用いられる代表的な主鎖モノマーと架橋剤モノマー.

が用いられる．溶媒としては水系および有機系溶媒のいずれも用いられるが，開始剤および重合温度を最適に選択する必要がある．ラジカル重合開始剤による開始反応だけではなく，光やプラズマなどの様々な開始反応が利用されている．ラジカル重合によるゲルの合成では幅広いモノマーを利用でき，容易に官能基を導入することが可能である．簡便で幅広く利用されている反面，得られるゲルのネットワーク構造は不均一になる場合が多い．

上記のように有機系モノマーの重合によって得られる有機ゲルに対して，無機系モノマーを重合すると無機ゲルが合成できる．典型的な無機ゲルの合成方法としては，有機シラン化合物の縮合反応（ゾル-ゲル反応）が知られている[28]．酸あるいは塩基の存在下で，わずかな水分子によって有機シラン化合物は加水分解されてシラノール基を生成した後，シラノール基同士の脱水による縮合反応によってシロキサン網目構造が形成される．一般に，酸存在下では加水分解が速やかに起こって縮合反応がゆるやかに進むのに対し，塩基存在下では加水分解が遅く，縮合反応の速度が大きくなる．そのため，前者の条件では高分子網目が広がりやすく，後者では凝集物などを形成しやすい．またその時に系内に存在する水分量によっても反応の進行が影響されるため，再現性の良いネットワーク形成には酸・塩基や水などの量を厳密に制御することが重要である．有機チタン化合物や有機ゲルマニウム化合物からのゾル-ゲル反応によっても無機ゲルを合成できるが，ゾル-ゲル反応の機構に関しては有機シラン化合物の反応が最も研究されている．

方法②によりゲルを合成する方法も広く利用されている．多官能性化合物を用いた高分子鎖の架橋では，ポリビニルアルコール（PVA）や多糖類などのヒドロキシ基を有する親水性高分子をグルタールアルデヒドなどと反応させる方法が古くから知られている．その他，エステル結合やアミド結合などの一般的な結合形成の反応を用いることにより，様々な高分子ゲルを合成できる．高分子鎖を架橋する場合には，過度の反応によって沈殿が生じないように高分子や架橋剤の濃度を適度に設定する必要がある．

一方，物理架橋ゲルは親水性高分子の分子鎖間を水素結合やイオン結

(a) ヘリックス構造の凝集によるアガロースゲルの形成

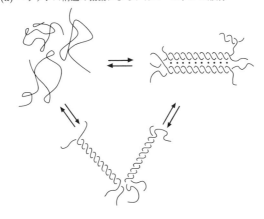

(b) Ca^{2+} のイオン結合によるアルギン酸ゲルの形成

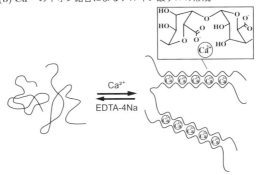

図 3.3 物理架橋による多糖ゲルの形成.

合などで架橋することにより得られる.例えば,PVA の水溶液を凍結させ,その後に融解させる凍結融解を繰り返すと,ヒドロキシ基同士の水素結合により丈夫な PVA ゲルが得られる.また,天然多糖であるアガロースやアルギン酸も物理架橋を形成させることができる(図 **3.3**).

アルギン酸の水溶液を $CaCl_2$ 水溶液に滴下すると,-COO$^-$ と Ca^{2+} とのイオン結合によりゲルを形成する.アルギン酸の構造は β-1,4-D マンヌロン酸(M)と α-1,4-L-グルクロン酸(G)の重合体であり,

MとGとの比率によってゲル形成能は大きく異なる．GGクラスター領域はカルボキシ基の反発によって分子が曲がっており，その間にCa^{2+}が入って Egg Box 型の構造となってゲルを形成する．さらに上記のような高分子化合物だけではなく，低分子化合物も分子間相互作用により集合体を形成し，系全体をゲル化させて物理架橋ゲルを形成する（3.5節参照）．

通常，複数の成分からなるゲルを合成する際には，2種以上のモノマーが共重合されている．しかし，フリーラジカル重合による共重合体ゲルの合成ではモノマー連鎖がランダム配列になることが多いため，各構成成分の平均的な挙動を示しやすい．そこで，それぞれの高分子独自の性質を失うことなく，複数の高分子を複合化させる方法として相互侵入高分子網目（interpenetrating polymer network; IPN）の形成が挙げられる[29]．IPN は，2種以上の高分子網目が互いに共有結合せずに，独立に存在する状態で絡み合った構造をもっている．一方の成分が高分子網目を形成していない直鎖状高分子であり，それがもう一方の高分子網目に絡み合っている場合にはセミ IPN（semi-IPN）と呼ばれている．

IPN を形成させる一般的な方法としては，逐次生成法（sequential method）と同時生成法（simultaneous method）が知られている（図**3.4**）．逐次生成法は，まずモノマー1とその架橋剤から高分子網目1を形成させ，次にモノマー2とその架橋剤でそれを膨潤させた後に重合によって高分子網目2を形成させる方法である．一方，同時生成法では，モノマー1とモノマー2をそれぞれの架橋剤と共に，各反応が独立に進行するように架橋形成させて同時に2種類の高分子網目を形成させる方法である．これまでにヒドロゲルの物性や機能の向上を目指して，2種類以上の親水性高分子網目が互いに絡み合った IPN ヒドロゲルが数多く報告されている．例えば，5.1節で紹介するダブルネットワーク（DN）ゲルは IPN の特殊な例であり，6.1.2項で述べる低温収縮—高温膨潤型の温度応答性ゲルでは IPN 構造が応答発現に重要な役割を果たしている．

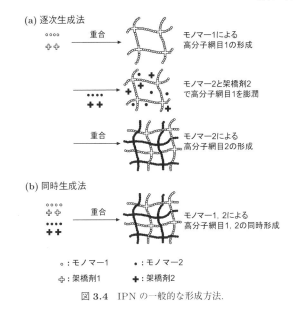

図 3.4 IPN の一般的な形成方法.

3.2 精密重合

精密重合技術の発展に伴い,モノマー配列や分子量を制御した高分子が合成できるようになってきた[30,31].最近ではこれらの精密重合が高分子ゲルの合成にも利用され始めている.例えば,アニオン開環重合により合成されるポリエチレンオキシド(PEO)を一成分とするブロック共重合体は,各セグメントの親水性,あるいは疎水性の温度依存性のために,低濃度では様々なミセル状態や凝集状態になる.一方,高濃度の場合には,疎水性に変化したセグメント同士の疎水性相互作用による凝集によって球状ミセルが形成され,それが細密充填した状態で透明な物理ゲルを生成する[32].また,リビングカチオン重合によって精密に分子設計されたポリビニルエーテルは,配列によってその水溶液がある温度以上で不溶となる下限臨界溶液温度(lower critical solution temperature; LCST)やある温度以下で不溶となる上限臨界溶液温度(upper critical solution temperature; UCST)を示す[33].

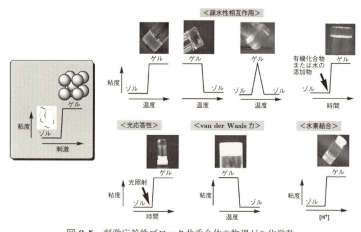

図 3.5 刺激応答性ブロック共重合体の物理ゲル化挙動.
出典：S. Aoshima and S. Kanaoka: *Chem. Rev.*, **109**, 5245 (2009).

通常，オキシエチレン側鎖を有するポリビニルエーテルはカチオン重合で合成されており，添加塩存在下でルイス酸触媒を用いて室温付近でリビングカチオン重合が可能である．これまでにブロック共重合体やグラフト共重合体，ランダム共重合体，末端反応性高分子，星型ポリマー，グラジェントポリマーなどの構造制御ポリマーが合成されている．このようにリビングカチオン重合によって分子量や分子量分布，モノマー配列などの一次構造を制御したポリビニルエーテルはミセル形成や物理ゲル化などの様々なパターンの温度応答性を示す（図 **3.5**）[33,34].

一般に，イオン重合に比較してラジカル重合は反応制御が難しいため，生成した高分子の分子量分布は広く，共重合体の配列も反応性比に依存する結果となる．しかし，最近では活性種がラジカルであるにもかかわらず，イオン重合と同様にリビング状態で重合が進行するリビングラジカル重合の技術が急激に進歩している．比較的容易に分子設計が可能な原子移動ラジカル重合（atom transfer radical polymerization; ATRP）[30,31]や可逆的付加開裂型連鎖移動（reversible addition-fragmentation chain transfer; RAFT）重合[35]などのリビングラジカル

重合を利用した高分子ゲルの合成も報告されている[36]．

例えば，ATRP によりメチルアクリレート（MA）とエチレングリコールジアクリレート（EGDA）との共重合体を合成すると，そのゲル化挙動が Flory-Stockmayer の理論によく一致することが示された[37]．したがって，ATRP によって合成されたゲルはフリーラジカル重合によって得られるゲルよりも環化を抑制でき，より均一な構造を有すると考えられる．

RAFT 重合ではチオエステルへのラジカルの付加と開裂を可逆的に繰り返し，交換連鎖移動によって重合が進むために分子量や分子量分布を制御できる．そのため，RAFT 重合により様々なブロック共重合体が合成でき，LCST を示す成分の導入によってゾル-ゲル相転移する高分子が得られている．例えば，RAFT 重合により NIPAAm と N,N-ジメチルアクリルアミドからなる ABA 型トリブロック共重合体が合成され，poly(NIPAAm) の LCST 以上でゲル化することが報告されている[38]．

3.3 最先端の高分子反応

最近，穏便な条件で簡便に共有結合を形成できるクリック反応が注目されている．クリック反応は，2001 年のノーベル化学賞受賞者の Sharpless によって提唱された．「クリック」という言葉は，シートベルトがカチッと音を立てて（clicking）簡単につながるように，2 つの分子が素早く確実に結合することを意味している．クリック反応は，実験操作が簡便で，水を含む様々な溶媒で利用でき，目的生成物のみを高収率で与え，どのような分子でも互いに結合させることができる．

主なクリック反応を図 **3.6** に示す[39]．代表的なクリック反応として，Cu(I) 触媒存在下でアジドがアルキンに付加して 1, 4-二置換-1, 2, 3-トリアゾールを与える Huisgen1, 3-双極子環化付加反応が知られている．この反応は効率が良く，副反応も生じないので反応後の精製も不要である．その他，チオールを中心としたチオール—エンの光反応や求核試薬によるチオール—アクリレートのマイケル付加反応，塩基触媒によるチオール—イソシアネート反応などのチオールクリック反応もよく利

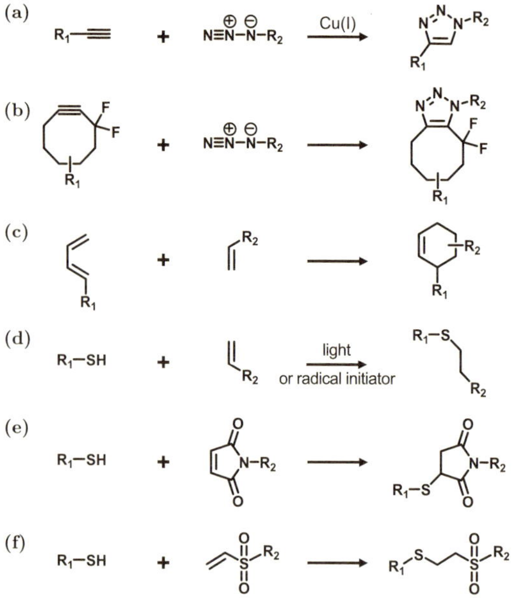

図 3.6 代表的なクリック反応.

出典：R.K. Iha, K.L. Wooley, A.M. Nystrom, D.J. Burke, M.J. Kade and C.J. Hawker: *Chem. Rev.*, **109**, 5620 (2009).

用されている.

最近，このクリック反応を利用したゲル形成が数多く報告されるようになってきた．例えば，ポリエチレングリコール（PEG）誘導体のジアセチレン化 PEG とテトラアジド化 PEG は硫酸銅とアスコルビン酸ナトリウムの存在下で容易に環化付加反応し，室温で 30 分以内に均一ネットワークを有する PEG ゲルを形成する（図 **3.7**）[40].

また二官能性の ATRP 開始剤を利用して両末端アジド化したポリ(*t*-ブチルアクリレート)が合成され，Cu 触媒を用いたテトラアルキニル分子とのクリック反応によって理想的なネットワークの形成も試みられている[41]．さらにメソゲン基を導入したシクロオクテンの開環メタセシス重合（ring-opening metathesis polymerization; ROMP）によってテレケリックポリマーを合成し，その末端をアジド化した後，3 つの

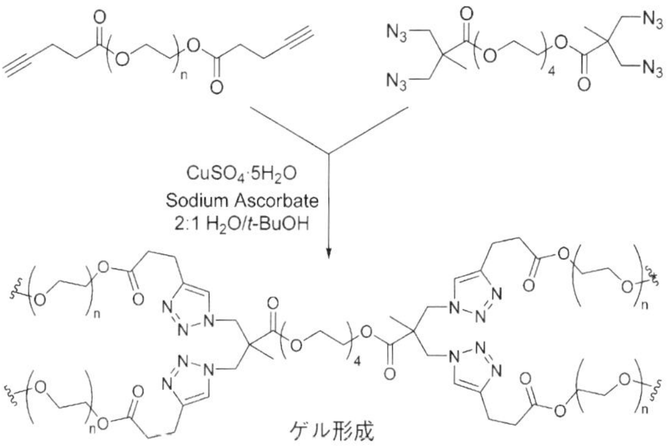

図 3.7 クリック反応を利用した均一 PEG ネットワークの形成.

出典:M. Malkoch, R. Vestberg, N. Gupta, L. Mespouille, P. Dubois, A.F. Mason, J.L. Hedrick, Q. Liao, C.W. Frank, K. Kingsbury and C.J. Hawker: *Chem. Commun.*, 2774 (2006).

アルキニル基を有するトリプロパギルアミンとのクリック反応により,構造規制された液晶性ゲルも合成されている[42]. この方法では架橋密度やメソゲン基密度などを制御しやすく,低分子液晶分子によって膨潤させた液晶性ゲルは電場に素早く応答して光学的性質を変化させる.

一般的なクリック反応では毒性のある Cu 等の金属触媒が用いられるため,医療分野に利用されるゲルの合成には適さない. しかし,最近,Cu を用いないクリック反応(カッパーフリークリック反応)も報告されており,毒性などを考慮しなければならない医療材料などの開発にも頻繁に利用されている[43-45].

チオール―エンクリック反応は医療分野への応用を目指したゲルの合成でよく利用されている[46]. 例えば,両末端アクリレート化したポリ乳酸(PLA)と PEG とのトリブロック共重合体(PLA-PEG-PLA)とテトラチオールとを混合し,波長 365 nm の光を 10 分程度照射すると生分解性 PLA-PEG-PLA ゲルが得られる[47]. このような生分解性ゲルは 6.6.3 項で述べるように細胞培養用の足場材料や細胞封入材料として精力的に研究されている. また,末端二重結合を導入した 4 分岐 PEG と SH 基を導入した 4 分岐 PEG を混合すると,短時間で三次元ネットワークが形成されてゲル化する.

その他，Diels-Alder 反応を利用したネットワークも形成されており，自己修復性などを示すことも報告されている（6.9 節参照）．さらに基板上にゲル薄膜を形成する際や材料の表面改質にもクリック反応は利用されるようになってきた（3.7 節参照）．

アルデヒド基含有ポリマーとアミノ基含有架橋剤やアミノ基含有ポリマーとを反応させると，シッフ塩基を形成してゲル化する．例えば，ポリグルロン酸を酸化してアルデヒド基を導入したポリ（アルデヒドグルロネート）とアジピン酸ジヒドラジドとを室温で 4 時間反応させるとゲルが得られる[48]．これらは分解性でかつインジェクタブルであり，骨組織再生などへの応用が検討されている．同様にアルデヒド基を導入したアルギン酸とゼラチンとを四ホウ酸ナトリウム存在下で混合すると速やかにゲルを形成し，組織工学用の足場材料に利用できるインジェクタブル材料として有望である[49]．

その他の反応としてはペプチドライゲーションも挙げることができる．ペプチドライゲーションは無保護でペプチド同士を結合させる有機化学的プロセスであり，様々なペプチド合成に利用されている．一般的なペプチドライゲーションでは，システイン 1, 2 アミノチオール基（N 末端システイン）とアルデヒドとの反応が利用されている．このペプチドライゲーションがゲルを合成する方法として提案されている．例えば，N 末端システイン残基を有するペプチドデンドロンと末端アルデヒド基をもつ PEG 誘導体とを反応させると，チアゾリジン環を形成してゲルが得られる[50]．この反応は温和な条件下で数分以内に進行してゲルを形成するが，チアゾリジン環形成が可逆であるために安定性はそれほど高くない．

3.4 酵素反応

酵素は，大気圧下，体温付近，中性付近の穏やかな条件下でも効率よく反応を触媒する．さらに，高い活性だけではなく，特定の基質に対してのみ反応を触媒する基質特異性も有しており，酵素反応は化学合成やバイオセンサーなど幅広く利用されている．酵素反応を利用した高分子合成も試みられており，ポリエステルや多糖類など様々な高分子が合成

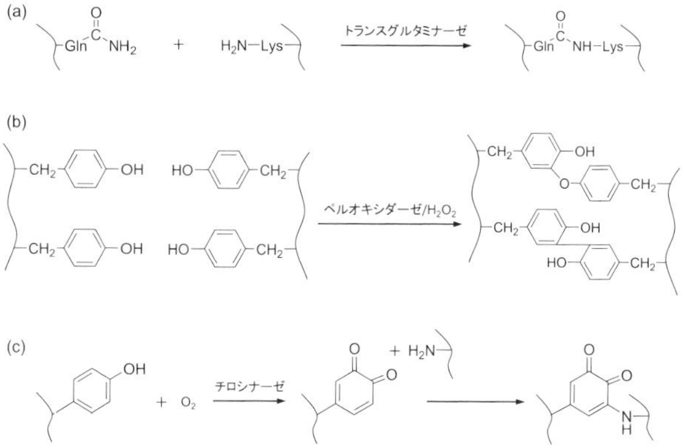

図 3.8 酵素((a) トランスグルタミナーゼ, (b) ペルオキシダーゼ, (c) チロシナーゼ)を利用した分子間架橋形成.

されている[51,52]. このような酵素反応を利用したゲル化も報告されている(図 **3.8**)[53].

例えば,架橋反応を触媒する代表的な酵素としてトランスグルタミナーゼ(TGase)が利用されている. TGase はタンパク質内のグルタミン残基の γ-カルボキシアミド基とリシン残基の ε-アミノ基との間のアシル転移反応を触媒し, ε-(γ-グルタミン)リシン-イソペプチド結合という架橋を形成する. この TGase の酵素反応を利用することにより,リシンとフェニルアラニンからなるポリペプチドと PEG 修飾したグルタミンアミドとが反応してゲルが形成されている[54].

さらに,イガイ接着タンパク質の接着に関与している 3,4-ジヒドロキシフェニルアラニン(DOPA)を導入したリシン残基含有ペプチド(DOPA-FKG)とグルタミン残基含有ペプチド(Ac-GQQQLG)とをそれぞれ PEG に導入することによって, 2 種類の PEG-ペプチドコンジュゲートが合成された. TGase 存在下でこの 2 種類のコンジュゲートを等モル混合すると,生理条件下において数分でゲル化した[55].

ホースラディシュペルオキシダーゼ(HRP)は H_2O_2 存在下でフェノール誘導体またはアニリン誘導体をカップリングする酵素である. この HRP を用いたヒアルロン酸やアルギン酸の架橋により多糖ゲルが

合成されている[56,57]. その他, セルラーゼなどの糖鎖合成酵素を用いて様々な多糖が合成され, 架橋構造を導入した多糖ゲルも得られている. 酵素は体内の部位特異的に存在するため, 酵素反応を利用することにより特定部位でゲル化する刺激応答性システムも構築できる.

3.5 自己集合

ゲルは, 高分子の三次元網目だけでなく, 低分子化合物や未架橋高分子が分子間相互作用した繊維状の自己集合体によっても形成される. このように自己集合体形成により溶液がゲル化して生成するゲルは, 物理ゲルまたは超分子ゲルと呼ばれている[58-61]. 例えば, L-イソロイシン誘導体やL-バリン誘導体などのアミノ酸誘導体は数gで1lのジメチルスルホキシド (DMSO) やアルコール, ケトン, エステル, 芳香族化合物, 炭化水素などの有機溶媒をゲル化できる[62,63]. このような有機溶媒をゲル化する低分子化合物はオイルゲル化剤と呼ばれている (図3.9).

オイルゲル化剤による物理ゲルの形成では, 水素結合や van der

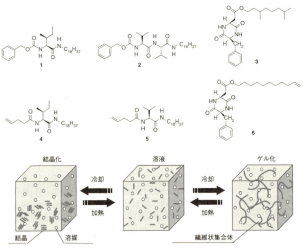

図 3.9 アミノ酸からなるオイルゲル化剤の例とそのゲル化機構.
出典:K. Hanabusa and M. Suzuki: *Polym. J.*, **46**, 776 (2014).

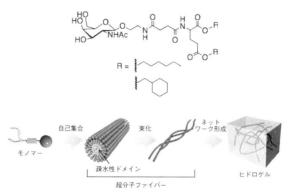

図 3.10 親水性の GalNAc と疎水性のシクロヘキサンを有する両親媒性のアミノ酸の構造とヒドロゲル化機構.

Waals 相互作用などによる繊維状の自己集合体形成とその集合体間の結合による三次元網目形成が重要である.そのため,オイルゲル化剤の構造には,低分子化合物の分子同士が相互作用するための部位および有機溶媒との親和性が高く自己集合体を分散安定化させる部位が必要である.また分子間相互作用によって結晶化しやすいと安定なゲルを形成しないため,結晶化を阻害するように構造設計することが不可欠である.L-フェニルアラニンのような中性アミノ酸と L-グルタミン酸-g-エステルのような酸性アミノ酸からなる環状ジペプチド誘導体は,有機溶媒だけではなく,最近注目されているイオン液体もゲル化させることができる[64].

水をゲル化するヒドロゲル化剤の報告も最近増えている.これまでにアミノ酸や糖鎖,ヌクレオチドをもつ超分子ヒドロゲル化剤が報告されている.超分子ヒドロゲルでは,水中での疎水性相互作用や水素結合などの分子間相互作用が協同的に働いて階層的な自己集合体を形成し,疎水性ドメインを有するファイバー構造が構築される.このファイバー同士が互いに絡み合ってマクロなネットワーク構造が形成される結果,その構造内に水分子を保持した超分子ヒドロゲルが得られる(図 **3.10**).

例えば,親水部として N-アセチル-ガラクトサミン(GalNAc),疎水部として 2 つのシクロヘキサンを導入した両親媒性のアミノ酸がコ

ンビナトリアル固相合成によって得られた[65,66]．この分子は高温で水に溶解して高い流動性を示すが，温度を低下させると流動性が低下してゲル化する．X線解析の結果，この超分子ヒドロゲル化剤は，水中で疎水性のシクロヘキサンを内側に，親水性のGalNAcを外側に配向し，自発的にファイバーを形成してゲル化することが明らかとなった．この超分子ヒドロゲルをマトリックスとして利用すると，タンパク質を簡単にプレート上に固定化でき，その機能をハイスループットに検出できるセミウェット型プロテインチップの構築が可能である．

両性電荷をもつセグメントと疎水性セグメントとからなる両親媒性ジブロックポリペプチドが合成され，90℃付近まで機械的強度を維持する自己集合体ヒドロゲルが特定濃度以上で形成されている[67]．この両親媒性ポリペプチドのゲル化は，その両親媒性だけではなく，α-ヘリックスやβ-ストランド，ランダムコイルなどのコンフォメーションにも大きく依存する．さらに，PEG鎖をグラフトしたポリイソシアノペプチドが硬いβ-シートヘリックス構造を形成し，それらの集合体によって細胞骨格や細胞外マトリックスを模倣した生体模倣ゲルが得られている[68]．このゲルの力学物性は，ポリイソシアノペプチド誘導体の分子構造によって任意に調節できる．その他，様々な配列のペプチドの自己集合体形成によりゲルが調製されている[69,70]．

酸触媒あるいは求核性のアニリン触媒を用いた超分子ゲルの形成も報告されている[71]．触媒存在下において温和な条件下で水溶性のビルディングブロックから速やかにヒドロゲルが形成され，特にアニリン触媒を用いると生理条件のpHでゲル形成が制御された．その他，自己集合を酵素反応で制御する材料も報告され[72]，ユニークなゾル-ゲル相転移システムが提案されるようになってきた．

また，ホスト分子としてシクロデキストリン（CD）を用い，そのゲスト分子との相互作用を利用したゾル-ゲル相転移ポリマーも報告されている[73]．例えば，PEGやポリプロピレングリコール（PPG）をグラフトしたデキストランとα-CDやβ-CDとの包接錯体形成によって超分子ゲルが形成され，温度などの刺激に応答してゾル-ゲル相転移することが示された[74]．

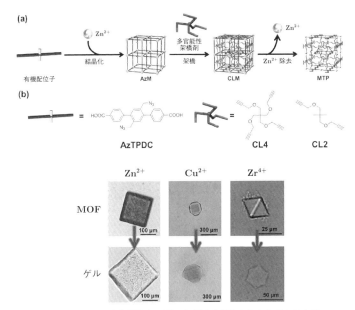

図 3.11 MOF を鋳型として用いた多面体構造を有するゲルの合成.
出典:T. Ishiwata, Y. Furukawa, K. Sugikawa, K. Kokado and K. Sada: *J. Am. Chem. Soc.*, **135**, 5427 (2013).

　金属と有機配位子との相互作用によって形成される多孔質の配位ネットワーク構造をもつ材料は金属有機構造体 (metal organic frameworks; MOF) または多孔配位高分子 (porous coordination polymers; PCPs) と呼ばれ, その自己集合によって形成される細孔空間を利用した吸着材料や触媒などへの応用研究が精力的に展開されている[75,76]. 通常のゲルの合成では鋳型内でネットワーク形成されるために鋳型の形状のゲルが得られるが, MOF を利用することによってその結晶形態に応じたゲルを合成することが可能である. 例えば, MOF を形成させた後にその有機配位子を架橋することにより, MOF の結晶全体をゲルに変換させることができる. MOF 結晶の形態やサイズを制御することにより, マイクロサイズの多面体構造を有するゲルが設計された (図 3.11)[77,78].

3.6 粒子形成

高分子ゲルは比較的大きなサイズのマクロゲルだけでなく，マイクロサイズからナノサイズのゲルとしてミクロゲルやナノゲルも合成されている[79-82]．ナノからマイクロサイズのゲル粒子を得るためには，一般的な高分子粒子の合成法が適用できる．高分子粒子合成法として，水系溶媒を用いる乳化重合や懸濁重合，水系溶媒や有機溶媒，それらの混合系の分散重合あるいは沈殿重合などが利用されている．粒子合成法と得られる粒子サイズを図 **3.12** にまとめる．

乳化重合では，基本的に乳化剤のミセル内部でモノマーが重合されて高分子粒子が得られる．通常の乳化重合では，水，乳化剤（界面活性剤），水溶性開始剤，モノマーからの不均一系ラジカル重合による反応の進行に伴って高分子粒子が生成する．一般の乳化重合で得られるゲル粒子は表面に乳化剤が吸着しているため，よりクリーンな表面を有するゲル粒子の合成方法としてはソープフリー乳化重合が利用されている．例えば，乳化剤を用いずに過硫酸カリウムで乳化重合を行うと，生成した粒子表面に開始剤末端のイオン性官能基が存在するために比較的分散安定性の高い粒子が得られる．また，架橋剤としてエチレングリコールジメタクリレートを用い，末端 COOH を有する PEG マクロ

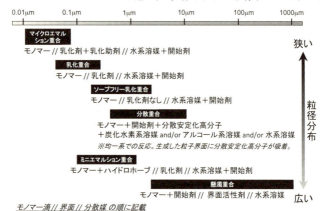

図 **3.12** 高分子微粒子の合成方法と生成粒子の粒径．

モノマーと N,N-ジエチルアミノエチルメタクリレート（EAMA）をソープフリー乳化重合すると、シェル部分とコア部分にそれぞれ PEG と EAMA が存在するコア—シェル型のナノゲルが得られる[83,84]。

最近ではミニエマルション重合も粒子の調製に利用されている。通常の乳化重合の油滴サイズが $1 \sim 10\,\mu m$ であるのに対して、ミニエマルション重合のそれは $0.03 \sim 0.5\,\mu m$ とより小さくなり、重合機構も異なってくる。ミニエマルション重合では、界面活性剤とハイドロホーブを加えて、ホモジナイザー等によって油滴に高せん断力を与えて微小化し、その小さな油滴内で重合が進行する。そのため、油滴を形成しているモノマーがそのまま粒子を形成することになる。

懸濁重合では、乳化されたモノマー滴が重合して粒子になり、数 μm 以上の高分子粒子が生成する。懸濁重合では、連続相である水に界面活性剤や水溶性高分子を添加し、重合開始剤が溶解した非水系モノマーを分散相とした O/W 分散系で重合を行う。モノマーが水溶性の場合には、疎水性溶媒を連続相とした逆相懸濁重合によって親水性ゲル粒子を合成できる。

分散重合は乳化重合や懸濁重合とは異なり、モノマーが溶媒に溶解して完全に均一な溶液から重合が始まり、重合反応の進行に伴って高分子粒子が析出してくる。一般に分散重合ではミクロンサイズの粒子を生成することができ、乳化重合と懸濁重合の狭間を埋めるサイズの粒子を合成する方法として有用である。乳化重合や懸濁重合がモノマー油滴の存在下で重合開始されるのに対し、分散重合では均一なモノマー溶液から重合を開始し、高分子の生成と共に粒子が形成される。このとき生成する高分子は溶媒に不溶であるために沈殿するが、開始剤末端や分散安定剤などにより粒子の凝集を抑制する機構が働くと分散安定な粒子が形成される。分散重合は沈殿重合の一種と見なすことができる。

上記のような粒子の合成ではその粒径や粒径分布の制御が重要であり、合成時に凝集を生じない条件を見出す必要がある。例えば、乳化重合の場合には粒子の分散安定性を維持するために、界面活性剤や保護コロイドポリマーによって生成粒子を安定化することが必要である。また一般的な粒子合成は不均一系反応であるため、得られるゲル粒子の粒径

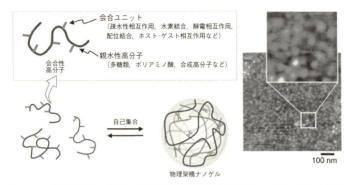

図 3.13 疎水性部位を導入した親水性高分子の会合体形成によるナノゲルの調製.
出典：Y. Sasaki and K. Akiyoshi: *Chem. Rec.*, **10**, 366 (2010).

や粒径分布は合成時の撹拌効率に左右されることも注意すべきである.

6.1.2項で紹介する温度応答性を示すポリ(N-イソプロピルアクリルアミド)（PNIPAAm）はLCST以上で水に不溶となるので, N-イソプロピルアクリルアミド（NIPAAm）を架橋剤と共にLCST以上の温度で沈殿重合することによりPNIPAAmゲル粒子を合成できる[85]. このように不均一系重合を用いて様々な刺激応答性ゲル粒子が合成され, 医療分野を中心に研究展開されている[86]. 最近では, 3.2節で紹介したような精密重合を利用した粒子の合成も報告されているが, 紙面の都合で省略する[87].

上記のように重合時に粒子形成させる方法とは異なり, 溶媒に対する高分子の溶解性を利用した化学プロセスを利用してもゲル粒子を調製できる. ゲル粒子を調製するための化学プロセスとしては, 溶媒拡散法や液中乾燥法, 膜乳化法が知られている. これらのほとんどは両親媒性高分子の自己集合を利用してナノサイズのゲル（ナノゲル）を調製する方法である. 例えば, 水溶性多糖であるプルランに疎水性のコレステリル基を部分的に導入した疎水化プルラン（CHP）は, 水中に分散させるだけで自発的に会合して粒径30 nm程度の安定なナノゲルを形成する（図3.13）[88].

疎水化多糖ナノゲルは, その動的な疎水的会合力によって自発的にタ

ンパク質を取り込み，その凝集を抑制して安定化させ，外部刺激によって活性を維持した状態のタンパク質を放出する機能（分子シャペロン機能）を示す．さらに，様々な水溶性多糖類やポリアミノ酸，水溶性合成高分子に自己組織化会合性因子を部分的に導入することによって，物理架橋型のナノゲルを調製できることが示された．最近では，マイクロ流体工学を用いたマイクロ空間での重合や自己集合などにより，粒子径が揃ったゲル微粒子も設計されるようになってきた[89,90]．

3.7 薄膜形成

粒子やフィルム，基板などの表面に高分子の薄膜を形成することによる表面改質は，接着や塗料，複合材料などの幅広い材料分野で利用されている．最も単純な表面改質法としては物理吸着法が用いられている（図 **3.14**(a)）．生体適合性が良好で親水性の 2-メタクリロイルオキシエチルホスホリルコリン（MPC）と疎水性の n-ブチルメタクリレート（BMA）との共重合体（poly(MPC-co-BMA)）を溶媒に溶解して疎水性基板表面に塗布すると，BMA成分と基板表面との疎水性相互作

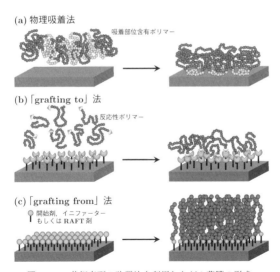

図 **3.14** 基板表面の改質法を利用したゲル薄膜の形成．

用によって基板表面に poly(MPC-co-BMA) が物理吸着して容易に表面親水化できる．この方法により様々な基板表面に生体適合性を容易に付与することができる[91]．このように高分子溶液をスピンコートした後に乾燥する単純な物理吸着法に対し，化学的表面改質法を用いた基板上でのゲル薄膜の形成も数多く報告されている．

高分子による一般的な化学的表面改質法としては，高分子の片末端に反応性基を導入して基板表面と反応させる「grafting to」法と基板表面に導入した重合開始点からモノマーを重合させる「grafting from」法に分類できる（図 3.14(b), (c)）．

「grafting to」法では分子量の揃った高分子を用いてグラフト層を形成できるために膜厚を制御しやすいという長所がある反面，高分子の片末端に反応性基を導入する方法と嵩高い高分子鎖の末端を効率よく基板表面に反応させる方法が難しいという欠点がある．

一方，「grafting from」法の場合には基板表面を活性化させることができれば様々なモノマーを重合できるため，比較的容易に表面にグラフト層を形成しやすいが，モノマーの重合を制御しにくいために均一な膜厚の高分子層の形成は困難である．しかし，最近では「grafting from」法でも精密重合技術が利用されるようになり，生成する高分子の分子量分布を狭めることができるため，膜厚の揃ったグラフト層（ポリマーブラシ）を形成することが可能になってきた．以下に「grafting to」法と「grafting from」法について代表的な例を述べる．

「grafting to」法に利用される反応としては，有機シラン化合物と OH 基含有表面との反応，チオール化合物と金表面との反応，リン酸基含有化合物と酸化物・金属表面との反応，さらにクリック反応などが利用されている．「grafting to」法による表面改質としては，片末端修飾 PEG を基板表面に結合させることにより PEG ブラシが形成され，生体分子の非特異的な吸着を抑制する表面（anti-fouling 表面または non-fouling 表面）が数多く報告されている．例えば，チオール基を末端に有する PEG は金基板表面と容易に反応して PEG ブラシを形成する．しかし，PEG の排除体積が大きいために，「grafting to」法で平面上に導入される鎖密度は 0.4〜0.5 chain/nm^2 程度で限界になる[92]．

最近では，貝類などの生物の接着機構に関与するペプチド中の3,4-ジヒドロキシ-L-フェニルアラニン（DOPA）[93,94]に着目し，片末端にDOPAを導入したPEGが合成され，DOPAの優れた表面結合能を利用することによって様々な基板上にPEGブラシを形成できることが報告されている[95]．

一方，「grafting from」法を用いた表面改質も古くから利用されており，疎水性材料の表面に親水性グラフト層の形成など数多く報告されている．ポリオレフィンなどの高分子フィルムに光増感剤であるベンゾフェノンを塗布した後，モノマー存在下でUV照射することにより表面から高分子鎖を生成することができる．例えば，ポリエチレンフィルム表面にベンゾフェノンを塗布した後，親水性モノマーのMPCを存在させた状態でUV照射することにより，表面に生体適合性のMPCポリマーゲル層を形成できる[96]．その他，プラズマ重合や放射線重合など様々なエネルギー照射を利用した表面グラフト重合により，基板表面に親水性ゲル層が形成されている．

従来の表面グラフト重合による高分子層の形成では，生成する高分子の分子量を制御することが難しいため，膜厚の均一な高分子層の形成は困難であった．しかし，精密重合の進展に伴って分子量やモノマー配列を規制した高分子の合成が可能になり，表面グラフト重合にも精密重合が利用されるようになってきた[97]．特に，精密重合として幅広く利用されているATRPにより膜厚の均一な高分子層（ポリマーブラシ）を形成でき，表面開始原子移動ラジカル重合（surface-initiated ATRP；SI-ATRP）としてフィルムや基板，粒子の表面グラフト重合に広く利用されている[98,99]．

一般にSI-ATRPによるゲル層形成では，重合時間の増加に伴って基板表面に形成されるゲル層の膜厚は増加する．例えば，ATRP開始剤を導入したDOPAが基板表面に接着され，オリゴエチレングリコールメタクリレートのSI-ATRPにより基板表面にPEG層が形成されている（図**3.15**）[100]．さらに，表面プラズモン共鳴（SPR）センサーのチップ表面に臭化アルキル基を導入した後，重合性官能基導入抗体と共にアクリルアミドをSI-ATRPにより重合すると，チップ表面に抗体

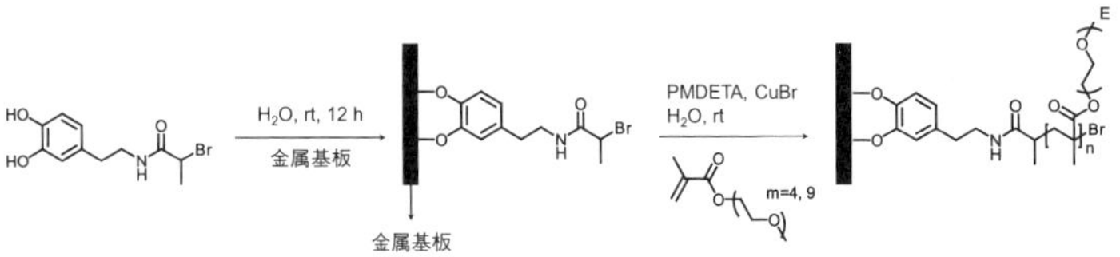

図 3.15 DOPA を用いたバイオミメティック接着を用いた基板表面への PEG 層の形成.

出典：X. Fan, L. Lin, J.L. Dalsin and P.B. Messersmith: *J. Am. Chem. Soc.*, **127**, 15843 (2005).

固定化ゲル層を形成でき，さらに 6.3 節で述べる分子インプリント法との組み合わせも可能である[101,102]．このような SI-ATRP を用いたゲル薄膜形成は基板表面だけではなく，開始末端を導入できる無機粒子や金属粒子の表面にも適用でき，均一なゲル層で被覆した有機—無機ハイブリッドナノ粒子の設計にも利用されている[103]．

3.8 3D 造形

近年，コンピュータ上で作成した 3D の設計図に基づいて，材料を積層しながら立体物を作製する 3D プリンターによる 3D 造形技術がモノづくり革命の主役として飛躍的に発展し，ゲル分野にも参入してきた．3D プリンターは，ユーザーが設計した通りの構造物を造形する新しいツールとして幅広い分野で利用され始めている．3D プリンターの造形方法としては，熱溶解積層方式やインクジェット方式，粉末方式，光造形方式などが知られている．

最近，光造形方式を利用してゲル造形物がつくられるようになった．光ファイバーを通して UV レーザーを局所的にモノマー溶液に照射し，1 層分をゲル化させ，ステージを下げて同様に次の層を造形して幾層も積み重ねることにより，ゲルからなる立体物を造形することができる．例えば，3D ゲルプリンターを用いて低コストで臓器モデルが作製されており，さらに高強度ゲルや形状記憶ゲルからなる 3D 造形物も形成されている[104]．

第4章

ゲルの構造

　生体の多くはゲルであり，その優れた物性や機能はその階層的な構造に起因している．例えば，眼球の硝子体は含水率の高いヒドロゲルであり，その構造はⅡ型コラーゲンが集合して三次元構造の線維を形成し，さらにその線維にヒアルロン酸が絡みついて多量の水を保持したゲル状態となっている．このように生体に関わるゲルでは，ナノからマイクロ，そしてマクロスケールに至るまでの階層構造がその優れた物性や機能の発現に関わっている．

　最近では，合成高分子ゲルでも階層構造を取り入れたゲル構造設計が試みられており，分子構造だけではなく，その集合構造や，より高次の構造が精密に設計されるようになってきた．一方，ゲルは溶媒に不溶な三次元網目からなるため，一般的な低分子や高分子に比較してその化学構造や物理構造を詳細に調べることは困難である．しかし，最近では分析機器や技術の進歩により，幅広いスケールでゲル構造を解析することが可能になってきた．本章では，ナノからマイクロ，マクロスケールに至るゲルの特殊な構造を調べるための代表的な分析方法を紹介する．

4.1　ゲルのナノ・マイクロ・マクロ構造

　理想的なゲルの三次元網目構造は，架橋点間分子量が揃ったジャングルジムのような構造であろう．しかし，実際のゲルは，反応の不均一性や運動性の凍結などによってナノからマイクロ，そしてマクロスケールで不均一な構造をもつことが多い．一般に，ゲルの不均一性（不均質性）として，図4.1に示すような空間不均一性，トポロジー的不均一性，結合不均一性，運動性不均一性が挙げられる[105]．

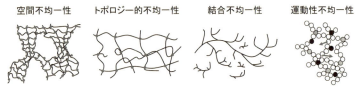

図 4.1 ゲルの不均一構造.
出典:M. Shibayama and T. Norisuye: *Bull. Chem. Soc. Jpn.*, **75**, 641 (2002).

空間不均一性は架橋点が網目中に不均一に導入されることに基づき,トポロジー的不均一性は多官能性モノマーの未反応末端や網目の絡み合いによって生じる.また結合不均一性は鎖長の大小に基づくクラスターサイズの不均一性で,自己相似的なクラスター集団に観測される不均一性である.さらに,運動性不均一性は架橋点近傍の抑制された運動性と架橋点から離れた鎖の高い運動性のように,架橋点の分布に応じて生じる鎖の運動性の不均一性である.このようなゲルの不均一性はその物性や機能に直接影響するため,光散乱法を中心として精力的に研究されてきた.

ゲルの構造として結晶や液晶などの高分子鎖の配列も重要な役割を果たす.例えば,3.1 節で紹介した PVA 水溶液の凍結融解法によるゲル調製では,PVA の OH 基同士の水素結合に基づく微結晶が架橋構造の形成につながっている.超分子ゲルでは構成分子間の相互作用により集合体を形成し,マクロスケールの材料全体に広がったときに流動性を失ってゲル化する.その他,ナノスケールの分子配向がマクロな力学物性と直接関係することも多い.さらに,ナノ・マイクロの多孔構造を有するゲルは平衡膨潤に達するまでに要する時間が短く,その多孔構造を利用した分離材料なども実用化されている.このようにナノ・マイクロ・マクロスケールのゲル構造は物性や機能に直接影響するため,優れたゲルを設計するためには各スケールでの構造評価と解析が不可欠である.

4.2 ゲル化過程の評価

ゼラチン水溶液を冷却すると流動性が低下してゲル化する.このようにゾル状態からゲル状態へと変化するゾル-ゲル相転移は,試験管に試

料溶液を入れ，それを傾斜させるときの流れ具合を観察する試験管傾斜法によって簡便に評価できる．しかし，その流れ具合は観測する時間スケールに依存するため，より正確なゾル-ゲル相転移はレオロジー測定により評価するべきである．一般にレオロジー測定を行うとゾル状態では貯蔵弾性率（G'）は非常に低く，ゲル状態になると急速に G' が増加して弾性的な挙動を示すようになる．G' と振動数 f との関係を調べると，ゾル状態では低振動数側へ外挿すると $G' \to 0$ となるのに対し，ゲル状態になると貯蔵弾性率の振動数依存性におけるゴム状平坦領域に相当する領域が現れてくる．

したがって，レオロジー測定によるゲル化時間（t_g）は，可能な限り低振動数領域で G' の振動数依存性を調べ，G' が損失弾性率（G''）と同じ値 $G' = G''$ となる時間として決定できる（図 **4.2**）[106]．この t_g は G' と f との両対数プロットで平坦領域が出現する時間に対応している．例えば，ゼラチン水溶液を冷却して一定温度で保存したときのゲル化挙動は，ゲル化点近傍に近づくと静的粘性率 η は発散し，t_g を超えてゲル化すると低振動数側へ外挿しても G' が 0 にならなくなる．このとき $G' = G''$ となる時間 t_g は振動数に依存することに注意すべきである．さらに η と緩和弾性率 E は，パーコレーション理論における結合の反応率 p とその閾値 p_c を用いた次式に基づいて p_c 近傍で急激に増加する．

$$\eta \approx (1 - p/p_c)^{-k}, \quad (p < p_c) \tag{4.1}$$

$$E \approx (p/p_c - 1)^t, \quad (p > p_c) \tag{4.2}$$

理論計算では $k \approx 1.3$，$t \approx 1.8$ となり，ゼラチン水溶液のゲル化実験とよく一致している[107,108]．

4.3 膨潤度測定

溶媒を含むゲルの場合には，その膨潤度（膨潤率，膨潤比）が物性や機能に大きく影響する．膨潤度として，ゲルの体積 V と高分子の体積 V_0 によって体積平衡膨潤度 q_v が次式で定義できる．

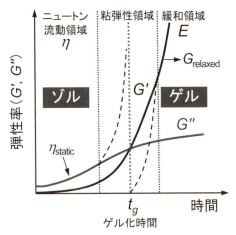

図 4.2 レオロジー測定によるゲル化点の決定.

$$q_v = V/V_0 = l^3/l_0^3 \tag{4.3}$$

一般的に,V および V_0 を直接測定することは困難なので,基準となるゲルの特徴的な長さ l_0 と特定の測定条件下で膨潤したゲルの特徴的長さ l とから相対的な膨潤度が求められている.なお,q_v の逆数 ($1/q_v$) はゲル中の高分子の体積分率に相当する.

また重量平衡膨潤度 q_w が,溶媒で平衡膨潤したゲルの重量 W および乾燥ゲルの重量 W_0 から次式によって決定できる.

$$q_w = W/W_0 \tag{4.4}$$

さらに,ゲル中の含水率 W_c は次式で求めることができる.

$$W_c = \frac{W - W_0}{W_0} \tag{4.5}$$

W_c は高吸水性樹脂などに対する吸水性を評価するために利用されている.

4.4 架橋密度測定

ゲルの物性を支配する因子の一つは架橋密度である.架橋密度を求め

る方法として以下の方法が一般に利用されている．

(i) 平衡膨潤度から算出する方法
(ii) 弾性率から算出する方法

平衡膨潤度から算出する方法 (i) では，以下に示すような Flory-Rehner 式を利用する．まず，非イオン性ゲルに対する Flory-Rehner 式は次式のようになる．

$$-\left[\ln(1-\phi) + \phi + \chi\phi^2\right] = \bar{v}_1\left(\nu_e/V_0\right)\left(\phi^{1/3} - \phi/2\right) \qquad (4.6)$$

ここで，ϕ は高分子の体積分率，ν_e は架橋点間高分子鎖の数，V_0 は基準状態の体積，$\bar{v}_1$ は溶媒のモル体積である．

膨潤時の体積 V を 1 と近似し，$\phi = 1/q$ を代入すると次式のようになる．

$$q^{5/3} \cong (V_0/\nu_e)(1/2 - \chi)/\bar{v}_1 \qquad (4.7)$$

高分子と溶媒との相互作用パラメータ（χ）が既知であれば，この式を用いることにより膨潤度から有効架橋密度（ν_e/V_0）を算出できる．

イオン性ゲルの場合には，Flory-Rehner 式に電荷の濃度勾配による浸透圧変化を補正して次式のようになる．

$$q^{5/3} \cong \left[\left(i/2v_u C_s^{1/2}\right)^2 + (1/2-\chi)/\bar{v}_1\right] / (\nu_e/V_0) \qquad (4.8)$$

ここで，i は高分子電解質の繰り返し単位あたりの荷電数，v_u は繰り返し単位あたりの分子量，C_s はイオン強度である．以上のような式を用いて膨潤度から有効架橋密度を決定できるが，新規なゲルの場合には χ が未知なので，その架橋密度を決定することは難しい．

一方，ゲルの引張試験や圧縮試験などにより得られる弾性率からも，その力学物性に直接影響している有効架橋密度を算出できる．2.4 節で述べたように，一般的にゲルに荷重をかけて変形させた場合にはゴム弾性の古典的理論に基づいた変形挙動を示し，その応力 σ と伸長比 λ は次式で関係づけることができる．

$$\sigma = E\left(\lambda - \frac{1}{\lambda^2}\right) \qquad (4.9)$$

ここで，E はせん断弾性率であり，次式で表される．

$$E = \frac{RT\nu_e}{V\phi^{2/3}} = \frac{RT\nu_e}{V_0}\phi^{1/3} \tag{4.10}$$

したがって，ゲルの引張試験や圧縮試験を行って $\lambda - \lambda^{-2}$ に対して σ をプロットすると，低変形領域では明確な直線関係が得られ，その勾配から E を求めることができる．式 (4.10) から膨潤ゲルの単位体積あたりの有効架橋密度 ν_e/V，あるいはネットワーク単位体積あたりの有効架橋密度 ν_e/V_0 を算出できる．また，式 (4.10) から，ゲルが膨潤して柔らかくなるのは，V が大きくなって有効架橋密度が減少するためであることがわかる．ただし，式 (4.9) と式 (4.10) は巨視的変形と微視的変形が比例するという仮定（アフィン変形の仮定）に基づくゴム弾性の古典理論に従っているため，実験結果から外れることが多い．実験結果を整理する場合には，次式の Mooney-Rivlin の関係式がよく用いられる[109]．

$$\sigma = 2C_1\left(\lambda - \frac{1}{\lambda^2}\right) + 2C_2\left(\lambda - \frac{1}{\lambda^3}\right) \tag{4.11}$$

実験結果から得られる還元応力 $\sigma/(\lambda - 1/\lambda^2)$ を λ^{-1} に対してプロットすると，各係数の C_1 および C_2 を求めることができる．

4.5 散乱法

高分子材料の構造解析には，非破壊で統計的に平均化された構造情報を与えるという利点から散乱法が利用されてきた．散乱法ではサンプルに入射した波がサンプル内の構造によって散乱され，その干渉パターンからその構造に関する情報を得ることができる．このとき入射する波の種類によって光散乱やX線散乱，中性子散乱などに分類される．いずれの散乱法も波の干渉に基づく原理で測定し，材料を構成している分子の電子や原子核などの密度差によって生じる散乱コントラストから構造評価する．これらの散乱法において，広角散乱（回折）では結晶の原子間距離（0.1～1 nm）の構造を，小角散乱ではより大きな距離（数 nm～数十 nm）の構造を調べることができる．

ゲルの構造解析には高分子鎖や網目サイズ，それらの運動性が測定で

きるという利点から光散乱や中性子散乱が主に利用されている．いずれも基本原理は同じであるが，光散乱が簡便に行えるという長所を有するのに対し，中性子散乱は溶媒のコントラストを自由に変化させて観察したい構造因子を容易に抽出できるという長所がある．しかし，中性子散乱実験は通常の研究室では行えず，大型施設での実験となる．以下に光散乱と中性子散乱によるゲルの構造解析について簡単に述べる．

高分子が溶解した溶液やコロイド粒子が分散した溶液にレーザー光を照射すると，その系中の密度や濃度揺らぎによって光が強く散乱される．このときの散乱強度は散乱体のブラウン運動によって時間的に揺らいでいる．これを用いた光散乱法には，静的光散乱（static light scattering; SLS）と動的光散乱（dynamic light scattering; DLS）がある．

SLSでは散乱強度の時間平均を取り扱い，測定では散乱強度の角度依存性を調べる．一方，DLSは粒子などのブラウン運動の速さによって散乱光の時間変化が影響されるため，散乱強度の時間依存性を測定し，散乱強度揺らぎの自己相関関数を求める．そのため，SLSでは高分子の分子量や慣性半径，第二ビリアル係数などの測定やゲルの不均一構造などを調べることができ，DLSでは網目の協同拡散や網目サイズ，粒子の拡散や粒径を評価することができる．以下に簡単にその原理を解説し，測定例を紹介する[110-112]．

散乱強度 I の角度依存性を取り扱う SLS では，散乱光と入射光の波数ベクトルの差で定義される散乱ベクトルの絶対値 q が用いられる．q は散乱角 θ を用いて次式で表される．

$$q = (4\pi n_0/\lambda_0)\sin(\theta/2) \tag{4.12}$$

ここで，n_0 および λ_0 はそれぞれ溶媒の屈折率と入射光の波長である．q の逆数は実空間の次元をもち，q すなわち θ が小さいほど長距離の濃度揺らぎを観察できる．

高分子溶液や高分子ゲルでは，構成するモノマー間の空間的な相関を示す相関関数 $\gamma(r)$ が次式のように距離 r に依存して減衰する．

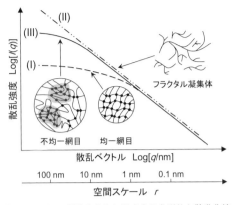

図 **4.3** ゲルの構造とそれに対応する典型的な散乱曲線.
出典:日本化学会編「驚異のソフトマテリアル」(化学同人,2010) p.53, 図 1-3.

$$\gamma(r) \propto (1/r)\exp(-\xi/r) \tag{4.13}$$

ここで,ξ は遮蔽長であり,空間的な相関の及ぶ距離を示しているので相関長とも呼ばれる.

高分子溶液や相溶状態の高分子ブレンドなどのように一相系での濃度揺らぎに対して,散乱強度 I は q を用いて Ornstein-Zernike (OZ) 関数で記述できることが多い.

$$I(q) = \frac{I(0)}{1+\xi^2 q^2} \tag{4.14}$$

散乱法によってゲルの構造を調べたときの q と I との関係の模式図を図 **4.3** に示す.高分子ゲルの構造が均一な場合には,$r = 1/\xi$ 程度から散乱強度が急激に弱くなる OZ 関数で記述できる曲線 (I) のようになる.一方,低分子などの凝集によって生じた大きさの異なるクラスターが自己相似性をもったフラクタル構造をもつ場合には,次式のように I は q のべき乗となり,図 4.3 の直線 (II) のようになる.

$$I(q) = q^{-\alpha} \tag{4.15}$$

OZ 関数で記述できるような均一構造をもつ理想的なゲルとは異な

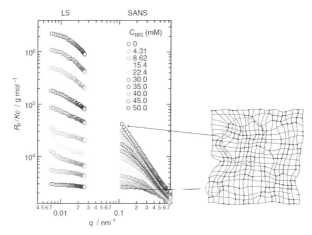

図 4.4 SANS および LC による PNIPAAm 溶液および異なる架橋剤量の PNI-PAAm ゲルの散乱曲線.
出典: M. Shibayama: *Polym. J.*, **43**, 18 (2011).

り,構造が不均一になると q が小さな領域で OZ 関数よりも散乱強度が増加して直線に近づく.例えば,PNIPAAm ゲルを合成する際に架橋剤濃度を増加させると,光散乱(light scattering; LS)および小角中性子散乱(small-angle neutron scattering; SANS)のいずれの領域でも散乱強度は増加する(図 4.4).このときの構造の不均一性は,ゲル中の濃度揺らぎが動的な熱揺らぎと静的な構造不均一性に基づくとして OZ 関数に過剰関数を加えることにより説明されている.

式 (4.13) はゲル化に伴う散乱強度の変化をフラクタル幾何学から解釈しているが,上記のようにゲルの散乱が高分子溶液(濃度揺らぎ)からの散乱 ($I_{\mathrm{soln}}(q)$) と架橋導入(不均一構造)による過剰散乱 ($I_{\mathrm{ex}}(q)$) との寄与によるとして次式で表される場合が多い.

$$I(q) = I_{\mathrm{soln}}(q) + I_{\mathrm{ex}}(q) \tag{4.16}$$

$I_{\mathrm{soln}}(q)$ は式 (4.14) で与えられ,架橋構造が均一の場合にはこの OZ 関数のみによって記述できる.しかし,通常は架橋不均一性からの散乱を伴うので,その不均一性の寄与として $I_{\mathrm{ex}}(q)$ が式 (4.17)〜式 (4.19)

のいずれかで与えられている．

$$I_{\text{ex}}(q) = \frac{I_{\text{ex}}(0)}{1+\Xi^2 q^2} \tag{4.17}$$

$$I_{\text{ex}}(q) = I_{\text{ex}}(0)\exp[-(q\Xi)^\alpha] \tag{4.18}$$

$$I_{\text{ex}}(q) = \frac{I_{\text{ex}}(0)}{(1+\Xi^2 q^2)^2} \tag{4.19}$$

ここで，式 (4.17)〜式 (4.19) は，それぞれもう一つの相関長として不均一性に基づく特性長さ Ξ をもつ OZ 関数，伸長指数関数，Debye-Bueche 型散乱関数（副ローレンツ（SL）関数）である．

この散乱法により，高分子溶液のゲル化過程とそのときに形成される構造を調べることができる．例えば，DMSO/水混合液を溶媒とした PVA 溶液を急冷してゲル化させたとき，急冷後の時間の経過に伴って散乱曲線はピークをもち，その位置を変化させずに散乱強度が急激に増加した[113]．この結果から，PVA 溶液ではゲル化前にスピノーダル分解型の液-液相分離が溶液中で進行することがわかり，散乱曲線の極大ピークの位置から不均一構造の相分離サイズが約 1 μm（0.6 μm）と見積もられた．様々な散乱法により測定された DMSO/水溶媒から形成された PVA ゲルの階層構造に基づく散乱曲線を図 **4.5** に示す[114]．

図 4.5 より，広角中性子散乱（wide-angle neutron scattering; WANS）測定からゲルの架橋点が微結晶に基づくことがわかる．また，0.01〜0.1 Å^{-1} の q の範囲での SANS 測定から結晶サイズが約 70 Å で最近接微結晶間の距離が約 200 Å であり，さらに 0.008 Å^{-1} 以下の q のピークが液-液相分離によって大きな構造が形成されていることを示している．さらに，3.4×10^{-4}〜3.6×10^{-3} Å^{-1} の q の範囲での光散乱測定からはスピノーダル分解に類似した相分離挙動が明らかにされた．このように様々な散乱法によって幅広いスケールでのゲル構造を解析することが可能である．

溶液中の高分子鎖はブラウン運動によって濃度揺らぎが生じるために局所的不均一性が存在するが，十分な時間を費やして時間平均をとると統計的平均と同じになるエルゴード仮説が成立する．しかし，この高分

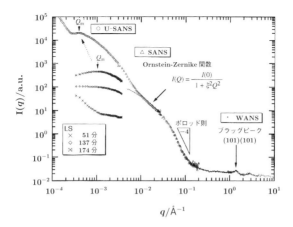

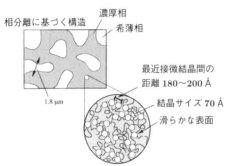

図 4.5 DMSO/水混合液から生成した PVA ゲルの階層構造とその散乱曲線.

出典:T. Kanaya, H. Takeshita, Y. Nishikoji, M. Ohkura, K. Nishida and K. Kaji: *Supramol. Sci.*, **5**, 215 (1998).

子鎖が架橋されてゲルになると,分子鎖の濃度揺らぎが抑制されて,時間平均が統計的平均と等価ではなくなる.そのため,DLS によってゲルの散乱強度の時間依存性を測定し,その揺らぎの自己相関関数を求めると,ゲルの測定位置によって結果が大きく異なってくる.一例としてエルゴード仮説が成立する PNIPAAm の準希薄溶液とそれが成立しない PNIPAAm ゲルの平均散乱強度 $\langle I \rangle_\mathrm{T}$ の測定位置依存性を図 **4.6** に示す.

架橋構造をもたない PNIPAAm 溶液では測定位置に依存せずに一定

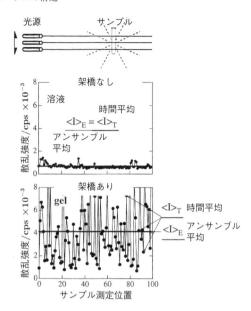

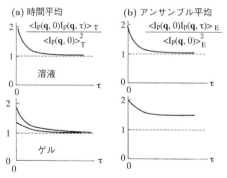

図 4.6 PNIPAAm の準希薄溶液（上）とゲル（下）の散乱強度の測定位置依存性および典型的な時間平均とアンサンブル平均の相関関数．

出典：M. Shibayama and T. Norisuye: *Bull. Chem. Soc. Jpn.* **75**, 641 (2002).

であるのに対し，架橋構造をもつ PNIPAAm ゲルの散乱強度は大きく揺らいでいる（スペックルパターンと呼ばれる）．すなわち，前者では散乱強度の時間平均がアンサンブル平均に一致するが，後者では架橋

によって構造が凍結されて不均一性が反映されるために時間平均とアンサンブル平均が大きく異なってくる.PNIPAAm ゲルの散乱強度は,PNIPAAm 溶液の散乱強度と位置依存性の過剰な散乱強度とからなり,前者の散乱強度を動的成分($\langle I_F \rangle_T$),後者を静的成分($\langle I_C \rangle_E$)と呼んでいる.$\langle I_F \rangle_T$ は溶液由来の熱揺らぎに対応するので測定位置依存性を示さないが,$\langle I_C \rangle_E$ は架橋構造導入により凍結された構造不均一性を示している.このようにゲルでは構造不均一性によって全体の散乱強度が増大することになる.

また DLS によってゲルの運動性も評価されている[115,116].上述のようにゲルには濃度揺らぎに基づく溶液的揺らぎと架橋による静的不均一性による固体的揺らぎの2種類が存在し,DLS によってゲルの散乱強度を測定するとその不均一性の影響によって散乱強度は大きく揺らぐ.アンサンブル平均光散乱法を利用すると,この2つの揺らぎを分けて評価できる.まず,上記のように測定位置を変化させて DLS 測定し,散乱強度の時間相関関数を求める.ゲルの時間相関関数($g^{(2)}(\tau)$)は次式のような単一指数関数でフィッティングでき,特定の緩和時間(τ)をもった動的挙動を示す.

$$g^{(2)}(q,\tau) = A\exp\left[-2D_A q^2 \tau\right] - 1 \qquad (4.20)$$

実験で得られた時間相関関数を式 (4.20) でフィッティングさせることにより,見かけの拡散係数(D_A)が得られる.D_A と真の拡散係数 D(ゲルの協同拡散係数)との間には式 (4.21) が成立するので,$\langle I \rangle_T$ と $\langle I \rangle_T / D_A$ とをプロットすることによって傾きと切片から $\langle I_F \rangle_T$ と D を求めることができる.

$$\frac{\langle I \rangle_T}{D_A} = \frac{2}{D}\langle I \rangle_T - \frac{\langle I_F \rangle_T}{D} \qquad (4.21)$$

このようにして得られる D は架橋点間距離の尺度である ξ と Stokes-Einstein の類似式(式 (4.22))により示される関係にあり,この式からゲルの相関長 ξ を求めることができる.

$$D = \frac{kT}{6\pi\eta\xi} \qquad (4.22)$$

例えば，温度応答性を示す PNIPAAm ゲルの場合には，$\xi = 8$ Å 程度であることが報告されている[116]．

4.6 顕微鏡観察

ゲルの構造を直接観察する方法としては，透過型電子顕微鏡（transmission electron microscope; TEM）や走査型電子顕微鏡（scanning electron microscope; SEM）などの電子顕微鏡を用いる方法が挙げられる．しかし，電子顕微鏡は高真空下に試料を置いて構造観察するため，一般的に溶媒を含んでいるゲルの構造観察は不可能である．そのため，電子顕微鏡を用いてゲルの構造観察を行う場合には，凍結乾燥によりゲルを乾燥させなければならない．この方法では溶媒で膨潤したゲルの構造を正確に観察しているとはいえず，乾燥ゲルの構造から膨潤ゲルの構造を推測する程度である．しかし，最近では電子顕微鏡による生物試料の観察技術も進歩し，溶媒を含んだ状態の試料を観察する手法も開発されている．含水状態の試料を瞬間的に凍結させた状態で構造観察できるクライオ SEM やクライオ TEM がゲルの構造観察にも有力である．

一般にクライオ SEM は，凍結された含水試料の割断やコーティングを行うためのクライオチャンバと SEM 観察用の冷却ステージから構成されている．クライオチャンバには金蒸着のための真空蒸着装置や試料中の氷をエッチングするためのヒーターが装着されている．まず，液体窒素でゲルを急冷することによって含まれている水をアモルファス状態に凍結させる．これによって氷の微結晶形成によるゲル構造の変化を最小限に抑えることができる．これを液体窒素などで冷やした冷却ステージに移し，真空下でナイフにより割断してゲル断面を切り出す．さらに，ゲル試料を乗せたステージの温度をわずかに昇温させて表面近傍の氷を昇華させ，金蒸着を行った後に，ゲルの網目構造を SEM で観察することができる．一例として，トリブロック共重合体からなる物理ゲルのクライオ SEM 写真を図 **4.7** に示す[117]．

クライオ TEM による含水試料の構造観察は，主にベシクルやミセルを対象として行われ，最近ではゲルの構造観察にも利用されるように

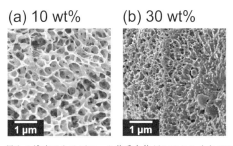

図 4.7　異なる濃度のトリブロック共重合体ゲルのクライオ SEM 写真.

出典：R.R. Taribagil, M.A. Hillmyer and T.P. Lodge: *Macromolecules*, **43**, 5396 (2010).

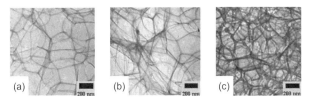

図 4.8　ジブロックコポリペプチドゲルのクライオ TEM 写真. 高分子濃度 (wt%)：(a)1.0, (b)2.0, (c)5.0.

出典：D.J. Pochan, L. Pakstis, B. Ozbas, A.P. Nowak and T.J. Deming: *Macromolecules*, **35**, 5358 (2002).

なってきた．クライオ SEM と同様に液体窒素などでゲルを凍結させ，冷却ステージ上で氷の結晶が成長しないように冷却状態を維持すると，TEM によりゲル構造を観察できる．このとき，アモルファス状態の氷とゲル網目との電子密度差により構造を見ることができる．

図 4.8 には L-ロイシンと L-バリンのジブロックコポリペプチドからなるゲルのクライオ TEM 写真を示す[118]．高分子濃度が高いほど網目サイズも小さくなることがわかる．クライオ SEM およびクライオ TEM のいずれの場合もクライオトランスファーシステムが進歩したため，冷却したゲルの凍結状態を維持した状態で顕微鏡の鏡筒内にセッティングできるようになった．

共焦点レーザー走査顕微鏡（confocal laser scanning microscope; CLSM）は，高分子材料のミクロ相分離などのマイクロスケールの三

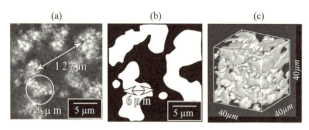

図 4.9 PNIPAAm ゲルの CLSM 画像.
出典:Y. Hirokawa, T. Okamoto, K. Kimishima, H. Jinnai, S. Koizumi, K. Aizawa and T. Hashimoto: *Macromolecules*, 41, 8210 (2008).

次元構造観察に適している.CLSM は,試料または対物レンズを三次元に動かすことにより試料の深さ方向の断面像を得て,その重ね合わせによって三次元像を構成することができる.電子顕微鏡に比較して解像度は低いが,大気圧下でゲル内部の三次元構造をそのまま観察することが可能である.図 4.9 に,CLSM で観察された PNIPAAm ゲルの内部構造の三次元構築図を示す[119].図より,蛍光プローブにより明るく示されている疎水性ドメインと暗い親水性ドメインとが観察され,共連続構造を形成していることがわかる.

最近では原子間力顕微鏡(atomic force microscope; AFM)も比較的身近な装置となり,ゲルの表面構造観察にも利用されるようになってきた.AFM では,カンチレバーの先端にある鋭い探針を用いて一定の間隔を保って試料表面を走査し,その時のカンチレバーの上下方向への変位を計測することにより,試料表面の凹凸形状を観察する.

このように AFM は光学顕微鏡や電子顕微鏡とは異なる原理に基づき,ナノスケールの構造観察や分子間相互作用の直接測定などに利用されている.AFM の長所は高い分解能だけでなく,大気中や液体中,また低温から高温に至るまで様々な環境下で試料の構造を観察でき,電子顕微鏡では不可能な "その場" 観察が可能であることが挙げられる.最近ではスキャンスピードも速くなった高速 AFM も利用されるようになり,筋肉タンパク質であるミオシンがアクチンフィラメント上で歩く運動の動画も得られている[120].ゲルの動的な構造を観察することも可能になるであろう.

4.7 ゲル中の水の状態

これまで述べてきたように，ゲルの網目構造はその物性や機能に大きく影響するため，様々な分析法によって構造解析が行われている．一方，ゲルの性質を理解する上でゲル内に存在する溶媒の状態を知ることも重要である．ヒドロゲルの場合には，溶媒である水分子が高分子と相互作用して通常の水分子とは異なる状態で存在する．このような水の状態を調べる方法として熱分析が有用である．

例えば，示差走査熱分析（differential scanning calorimetry; DSC）によりヒドロゲル中の水の融解と結晶化を測定すると，高分子鎖と相互作用している水分子の融点は通常の水の融点よりも低くなる．このときの水の融解エンタルピー（ΔH_m）から算出できる含水率は，重量測定から得られる含水率よりも小さくなる．高分子鎖と強く相互作用して束縛されている水分子は $-100℃$ 以下でも氷を形成できないために不凍水と呼ばれており，この不凍水の量だけ ΔH_m から算出される含水率が小さくなる．したがって，ヒドロゲル中の水は，通常の水と同じ $0℃$ 付近で融解する自由水，$0℃$ 以下で低温結晶形成して低温融解する中間水，そして凍結しない不凍水からなり，重量測定と DSC による ΔH_m 測定によりその割合を見積もることができる（図 **4.10**）．

最近，このような異なる水の状態において中間水が高分子材料の抗血栓性と密接に関連することが報告されている．中間水を多く含む高分子の例を図 **4.11** に示す．例えば，ポリ(2-メトキシエチルアクリレート)(PMEA) は含水状態で中間水を多く含むために優れた抗血栓性を示すと考えられている[121-123]．さらに，一連の研究で抗血栓性を示す高分子はいずれも中間水を多く含むことが明らかになっている．

ヒドロゲル中の水の運動性は，核磁気共鳴（nuclear magnetic resonance; NMR）分光法による緩和時間測定でも調べることができる．詳細は文献[2]を参照して頂きたいが，核スピンが磁場によって得たエネルギーを周りの格子系に放出して元の状態に戻るときの緩和時間を測定することにより，水分子の運動性を評価できる．NMR による緩和時間測定には，核スピンが磁場によって得たエネルギーを隣接核や溶媒に

水の分類	不凍水	中間水	自由水
天然高分子 (タンパク質, 糖質, 核酸など)	○	○	○
合成高分子 生体親和性あり	○	○	○
合成高分子 生体親和性なし	○	—	○
温度変化による 相転移特性	0℃以下で 凍結しない	0℃以下で 凍結する	0℃で 融解する
固体 NMR 測定による 水分子の緩和時間 τ_c(s)	$10^{-8} \sim 10^{-6}$	$10^{-10} \sim 10^{-9}$	$10^{-12} \sim 10^{-11}$
ATR-IR 測定による 水分子の OH 伸縮振動 (cm^{-1})	3600	3400	3200
高分子鎖への結合力	強	中	弱

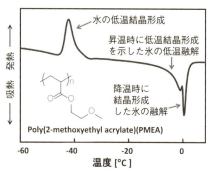

図 4.10 高分子材料中に存在する水の分類と特徴, DSC 曲線の例.
出典:田中賢:高分子, **63**, 542 (2014).

渡すことによって緩和するスピン-格子緩和(縦緩和)と核スピンの歳差運動の位相変化に関する緩和過程のスピン-スピン緩和(横緩和)がある.それぞれの緩和時間の縦緩和時間 T_1 と横緩和時間 T_2 を測定し,ゲル中の水の運動性を評価できる.例えば,PNIPAAm 水溶液中の水分子の ^{1}H の T_1 と T_2 が測定され,ゾル-ゲル相転移付近で T_1 および T_2 が大きく変化することが報告されている[124].図 4.10 には,様々な分析法によって明らかにされた高分子材料中の水の分類とその特徴も併せて示してある.

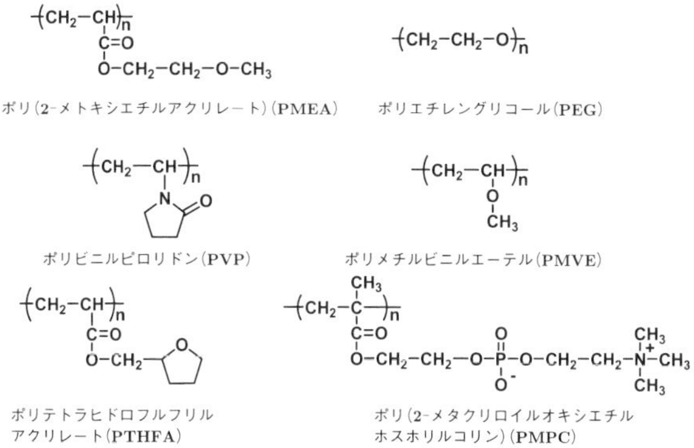

4.7 ゲル中の水の状態　71

ポリ(2-メトキシエチルアクリレート)(PMEA)　ポリエチレングリコール(PEG)

ポリビニルピロリドン(PVP)　ポリメチルビニルエーテル(PMVE)

ポリテトラヒドロフルフリルアクリレート(PTHFA)　ポリ(2-メタクリロイルオキシエチルホスホリルコリン)(PMPC)

図 4.11 中間水を多く含む高分子の例.

第 5 章

ゲルの物性

　ゲルの特徴的な性質はゴム弾性である．架橋構造や溶媒による膨潤に依存してその力学物性は大きく異なる．ゲルの実用化を阻む大きな要因としてその低い力学強度が挙げられる．一方，生体軟組織は水を50〜85 wt％も含むゲルであるにもかかわらず，軟骨や腱などのように激しい運動にも耐えることができる．

　このように生体に見られるゲルは適材適所で優れた力学物性を示し，合成高分子ゲルよりも強い生体ゲルが存在する．生体ゲルの優れた力学物性は，ナノの分子構造からマイクロの集合構造に至るまでの階層構造に基づいている．最近では，生体ゲルのように丈夫で強く，押してもつぶれないタフなゲルが合成され，弱点であった力学強度も克服されるようになってきた．このような力学物性の飛躍的な向上に伴って高強度ゲルといった新しい研究領域が開拓され，ゲルの応用範囲も益々広がっている．

　一方，ゲルの吸水性を利用した紙おむつなどの衛生用品は最も成功した実用例であり，さらに吸着性を利用したレアメタルなどの金属イオンの回収も検討されている．またゲルの光学特性とその柔軟な力学物性を利用したソフトコンタクトレンズはすでに普及しており，身近なゲルとして活躍している．本章では，力学物性を始めとするゲルの典型的な物性について簡単にまとめる．

5.1　力学物性

　ゲルの力学物性は，膨潤度や架橋密度，構造の不均一性などに強く影響される．一般的なゲルの力学強度は低く，実用化を阻む要因とな

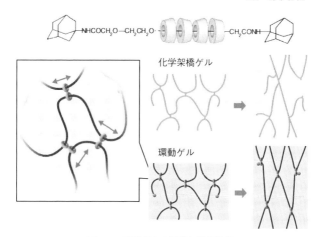

図 5.1 環動ゲルの構造と滑車効果.
出典：K. Ito: *Curr. Opin. Solid State Mater. Sci.*, **14**, 28 (2010).

っている．例えば，軟骨や天然ゴムの破壊エネルギー（単位面積の破断面形成に要するエネルギー）は各々〜1,000 Jm^{-2} と〜10,000 Jm^{-2} であるのに対して，ヒドロゲルの破壊エネルギーは1〜10 Jm^{-2} しかない．しかし，21世紀に入ると従来のゲルに比較して飛躍的に力学強度の高いゲルが報告されるようになり，日本の研究グループを中心として高強度ゲルに関する研究が活発化している．以下に優れた力学物性を示すゲルを紹介する．

α-シクロデキストリン（α-CD）がPEGを包接してポリロタキサンを形成することに着目し，架橋点としてポリロタキサン構造を導入した環動ゲル（トポロジカルゲル）が合成された[125,126]．この環動ゲルはCDの二量体からなる8の字の環状化合物が可動性架橋点として作用し，それを貫通しているPEGは自由にスライドすることができる（図 **5.1**）．

通常の化学ゲルに応力を加えると，架橋構造の不均一性のために網目鎖が疎で弱い部分に応力が集中し，比較的小さな応力でも破断する．これに対して環動ゲルでは8の字の環状化合物が可動性架橋点として作用するため，加えられた応力が架橋点の移動（滑車効果）によって均等

74   第5章　ゲルの物性

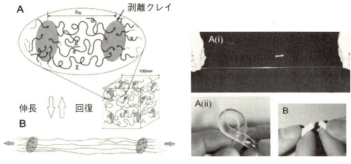

図 5.2　クレイ／ PNIPAAm NC ゲルの構造と物性.
出典：K. Haraguchi and T. Takehisa: *Adv. Mater.*, **14**, 1120 (2002).

に負担されて優れた破断強度を示す．散乱法による構造解析の結果，環動ゲルの高膨潤性や高伸長性が架橋点での高分子鎖のスライドに起因していることも明らかにされた[127,128]．さらに環動ゲルの力学物性は，従来のゲルのような高分子鎖のコンフォメーションに由来するエントロピー弾性だけでなく，環の分布に由来するエントロピー弾性との競合により決まることもわかってきた[129]．最近では重合性官能基を導入したポリロタキサンが可動性架橋モノマーとして合成され，ゲル調製用の架橋剤として利用するとゲルの力学物性が飛躍的に向上することも報告されている[130]．さらに，そのほかのロタキサン構造を有するゲルも合成され，優れた力学強度を示すことが報告されている[131]．

　ゲルの力学物性は，有機高分子と無機材料との複合化によっても向上できる．例えば，PNIPAAm ゲルの架橋剤の代わりに無機材料のクレイを用いると，有機—無機ナノコンポジットゲル（NC ゲル）を合成できる[132,133]．この NC ゲルではクレイが多官能な架橋点として作用し，さらに均一に分散されているために，高い透明性と優れた力学物性を示す（図 **5.2**）．

　最近，関節軟骨の構造にヒントを得て，負に帯電した単層のチタン酸ナノシートを分散させた有機—無機ハイブリッドゲルが合成され，ナノシート間の静電反発力に起因したユニークな異方性の力学物性を示すことが報告された[134]．このようなゲルは，単層チタン酸ナノシートの

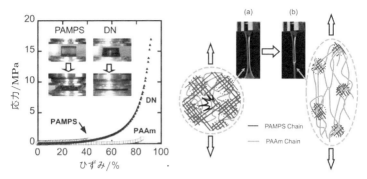

図 5.3 PAMPS/PAAm DN ゲル，PAMPS ゲルおよび PAAm ゲルの応力―ひずみ曲線とネッキング挙動．
出典：J.P. Gong: *Soft Matter*, **6**, 2583 (2010).

コロイド分散液に強磁場を印加して静電反発力により巨視的スケールでの準結晶性の秩序構造を形成させ，N,N-ジメチルアクリルアミドと N,N'-メチレンビスアクリルアミドとの *in situ* 光重合によって得られる．このゲルは，ナノシートの配向方向に垂直な圧縮力に対しては抵抗するが，平行のせん断力には容易に変形するという異方性を示す．

一方，硬くて脆い高分子網目と，柔らかくて伸びる高分子網目とから相互侵入網目構造を形成させたダブルネットワーク（DN）ゲルが，優れた力学強度を示すことが見出されている[135,136]．DN ゲルの優れた力学強度を発現させるためには，1 次ネットワークとして硬くて脆い高分子網目，2 次ネットワークとして柔らかくて伸びる高分子網目を利用することが重要なポイントである．

例えば，スルホン酸基含有モノマー（2-acrylamido-2-methylpropane-sulfonic acid; AMPS）から 1 次ネットワーク（PAMPS ゲル）を形成した後，2 次ネットワークとして PAAm 網目を形成させることにより，単独のゲルよりも飛躍的に高い圧縮破断応力（60 MPa），3,000% にも及ぶ破断ひずみ，最大で 2,500 Jm^{-2} もの破壊エネルギーを示す高強度ゲルが得られる（図 **5.3**）．

硬くて脆い 1 次ネットワークと柔らかくて伸びる 2 次ネットワークからなる DN ゲルでは，亀裂を進展させるためにはよく伸びる 2 次ネ

ットワークを最終的に破断させなければならない．そのためには，その周囲に存在する脆い1次ネットワークを広範囲にわたって破壊する必要があり，これに大きなエネルギーが消費される結果，DN ゲルの破断応力と破壊エネルギーは極めて大きくなる．PAMPS の脆いネットワークはゲル全体を強くするための「犠牲結合」として働き，材料の強靭化には犠牲結合原理が有用であることがわかってきた．

犠牲結合原理に基づくと DN 構造を形成させなくても高強度ゲルを合成できる．例えばカチオン性モノマー（3-(methacryloylamino) propyl-trimethylammonium chloride; MAPTAC）とアニオン性モノマー（sodium p-styrenesulphonate; NaSS）とを高濃度で重合して得られる両性高分子電解質ゲルは，イオンペアの解離に基づくエネルギー散逸により優れた強靭性を示し，さらにイオン結合の再結合によって高耐疲労性と自己修復性も示すことが報告された[137]．

さらに，溶媒を含まないエラストマーに対しても犠牲結合原理に基づく設計戦略が適用でき，硬さ 4 MPa, タフネス 9,000 Jm^{-2} を示す高強度エラストマーが報告されている[138]．この高強度エラストマーは，第1ステップとして光重合によりエチルアクリレートとブタンジオールジアクリレートから1次ネットワークを形成させた後，第2および第3ステップとしてメチルアクリレートから2次および3次ネットワークを形成することにより調製できる．

Ca^{2+} によるイオン性架橋を形成するアルギン酸と共有結合架橋を有する PAAm とを共有結合させることにより，タフなハイブリッドゲルが合成されている（図 **5.4**）[139]．このハイブリッドゲルは，含水率 90% の状態で 20 倍延伸可能で，約 9,000 Jm^{-2} の破壊エネルギーを示した．さらにクラックを入れた状態でもこのハイブリッドゲルは 17 倍もの伸長が可能であった．このような高延伸性とタフさは変形とエネルギー散逸のメカニズムによって説明でき，延伸時のイオン性架橋の解離は内部損傷を引き起こすが，再結合により修復されるためにクラックの入った状態でも高倍率の伸長が可能である．

先に述べたようにゲルの低い力学強度は，その不均一な網目構造が原因の一端であるため，様々な方法で均一な網目構造の形成が試みら

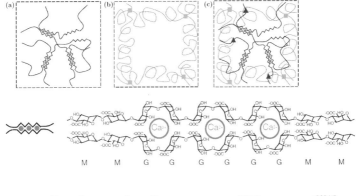

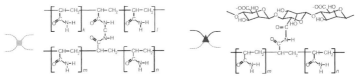

図 5.4 (a) Ca^{2+} によるイオン性架橋を有するアルギン酸と (b) 共有結合架橋を有するポリアクリルアミドと共有結合させた (c) 高強度ゲル.

出典:J.Y. Sun, X. Zhao, W.R. Illeperuma, O. Chaudhuri, K.H. Oh, D.J. Mooney, J.J. Vlassak and Z. Suo: *Nature*, **489**, 133 (2012).

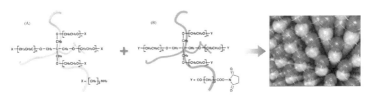

図 5.5 Tetra-PEG の合成.

出典:T. Sakai, T. Matsunaga, Y. Yamamoto, C. Ito, R. Yoshida, S. Suzuki, N. Sasaki, M. Shibayama and U. Chung, *Macromolecules*, **41**, 5379 (2008).

れている.例えば,図 5.5 のような末端アミノ基を有する 4 分岐ポリエチレングリコール (Tetra-PEG) と末端スクシンイミド基を有するTetra-PEG とを混合すると,速やかに均一な網目構造を有するTetra-PEG ゲルが得られる[140,141].等量混合の Tetra-PEG ゲルは理想的な網目構造を有し,優れた力学物性を示した.しかし,調製時

の膨潤状態では優れた力学物性を示すが,平衡膨潤に至るとその強度は急激に低下することもわかってきた.さらに,従来のゲルでは構造の不均一性のために困難であった分子論的なモデリングに対して,理想的な網目構造をもつ Tetra-PEG が適用でき,その構造パラメータと物性との相関が検討されている[142].

5.2 吸収性・吸着性

紙おむつなどの衛生用品として利用されている高吸水性高分子 (super absorbent polymer; SAP) は,自重の数百倍もの水を吸収して膨潤したゲルとなる.一般に高吸水性高分子はポリアクリル酸ナトリウム (PAAcNa) などの高分子電解質の架橋体である.高分子電解質ゲルの高吸水性は,水中で電解質が解離して生じたイオン同士の静電反発とその対イオンによって生じる浸透圧に基づいており,固定電荷密度が低い場合には後者が支配的となる.ゲルの吸溶媒性を利用した応用は数多く存在するが,そのほとんどが溶媒として水を吸収する親水性高分子ゲルである.

これに対して極性の低い有機溶媒の場合には,疎水性高分子からなる高分子網目が有用である.しかし,高吸水性高分子が水を吸収する割合に比較して,一般的な疎水性高分子が有機溶媒を吸収する割合は低い.そこで,極性の低い有機溶媒中でも解離できるイオン対を高分子鎖に導入した新規な親油性高分子電解質が設計され,その架橋により自重の百倍もの有機溶媒を吸収する有機溶媒高吸収性高分子が合成された (図 **5.6**)[143,144].例えば,親油性の陽イオンとして長いアルキル基をもつ第四級アンモニウムイオン,親油性の陰イオンとしてテトラフェニルホウ酸イオンを導入した親油性高分子電解質ゲルは,極性の高い有機溶媒ではほとんど膨潤せず,クロロホルムやテトラヒドロフランなどの極性の低い有機溶媒中で大きく膨潤してオルガノゲルを形成する.

また,メチルトリメトキシシラン (MTMS) とジメチルジメトキシシラン (DMDMS) からマシュマロゲルが調製されている.このゲルは非常に柔らかく,疎水性の多孔構造を有しており,n-ヘキサンなどの有機溶媒と水との混合液に浸すと有機溶媒のみ吸収して水と油を素早

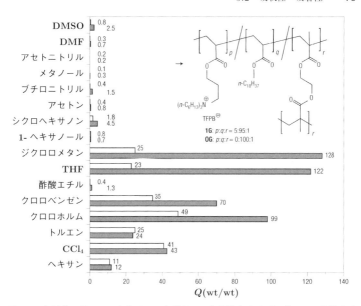

図 5.6 親油性の陽イオンと陰イオンを導入した親油性高分子電解質ゲルの有機溶媒の吸収特性.

出典:T. Ono, T. Sugimoto, S. Shinkai and K. Sada: *Nat. Mater.*, **6**, 429 (2007).

く分離できる[145]. このような有機溶媒高吸収性高分子は揮発性有機化合物(VOC)や排出油の回収など環境保全用材料として期待されている.

開放系であるゲルは上記のように溶媒を吸収するだけでなく, 金属や有機化合物などの溶質も吸着することができる. ゲルの物質吸着性は, 高分子網目と溶質とのイオン結合や水素結合, 疎水性相互作用などに基づいている. このようなゲルと溶質との相互作用を利用することにより混合物を分離することが可能である(6.2節参照). 例えば, クロマトグラフィー用の充填剤やイオン交換樹脂などは実用化されているゲルである. その他, カルボキシ基やスルホン酸基, アミノ基などのイオン交換基をもつゲルは, 重金属やレアメタルの回収のための金属吸着材として期待されている. 特に, キレート官能基を有するゲルは, キレート形

成によって金属イオンを選択的に吸着することができる．スチレンとジビニルベンゼンとの共重合によって得られる合成樹脂にイオン交換基を導入したイオン交換樹脂は有害重金属やレアメタルの分離・回収システムに利用できる．

また，アミノ基とヒドロキシ基を有するキトサンおよびその誘導体などのゲルが金属イオンに対する高い吸着性能を示すことが報告されており，排水からの重金属イオンの回収や海水に存在する微量ウランの濃縮などへの応用が試みられている[146,147]．最近では，分子量 1,600 万という巨大高分子の多糖類サクランからゲルが調製されており，高い保水性や優れた金属イオン吸着特性などが報告されている[148]．

5.3 光学特性

ゲルの光学特性を利用した材料としてはコンタクトレンズが挙げられる．コンタクトレンズは視力を補正するための医療機器であり，材質によってハードコンタクトレンズとソフトコンタクトレンズに区別される．コンタクトレンズはハードコンタクトレンズから始まり，高い酸素透過性や取り扱いやすさといった利点から，以前はハードコンタクトレンズが主流であったが，最近ではソフトコンタクトレンズの酸素透過性も向上して広く普及している．

歴史的には，1960 年にポリ(2-ヒドロキシエチルメタクリレート)（poly(2-hydroxyethyl methacrylate): PHEMA）を架橋すると透明で親水性の高いコンタクトレンズが得られ，ソフトコンタクトレンズとして利用できることが示された[149]．1971 年にはボシュロム社が世界で初めてソフトコンタクトレンズを製品化して市販した．

ソフトコンタクトレンズにはシリコーン系エラストマーのような非含水ソフトコンタクトレンズと水を含んだヒドロゲルからなる含水ソフトコンタクトレンズがある．ソフトコンタクトレンズに要求される性質としては，光学特性のほか，酸素透過性や耐汚染性などが挙げられる．コンタクトレンズを装着したときの角膜への酸素の供給は，レンズと角膜の間に流れ込む涙液と素材の酸素透過性に依存している．ハードコンタクトレンズとは異なり，ソフトコンタクトレンズの場合にはレンズが角

膜に張り付くため，ソフトコンタクトレンズに含まれる水の移動を介して涙液から酸素が供給される．そのため，ソフトコンタクトレンズの含水率は酸素透過性に大きく影響するが，含水率を高くすると力学強度の低下や衛生状態などの問題を引き起こす．

最近では酸素透過性に優れたシリコーンと親水性高分子とからなるシリコーンヒドロゲルが含水率に依存せずに高い酸素透過性を示すソフトコンタクトレンズとして使用されている．一般に疎水性シリコーン成分と親水性高分子とは相溶性が悪く，相分離が生じると透明性が低下するために，これらを相溶化させるための各成分の組み合わせや第3成分の導入などの工夫が施されている．

ソフトコンタクトレンズの耐汚染性としては，主に涙液中に存在する脂質やタンパク質などのレンズへの付着を抑制することが要求される．このためソフトコンタクトレンズでもその表面親水化は重要であり，様々な方法でレンズの表面処理が検討されている．

5.4 表面特性

材料の表面はその内部と異なる状態にあり，その物性や機能を大きく左右する．そのため接着や塗料などの工業的な用途だけではなく，分離・精製用材料や医用材料などのように幅広い分野で材料表面の構造や性質の評価と制御が試みられている．ゲルの表面は通常の材料表面とは異なり，ウェットで動的な構造をもっているためにユニークな性質を示す．例えば，ウナギの表面が滑ってつかみにくいのは，皮膚からムコ多糖類が分泌され，それがゲル状となって表面を覆っていることに起因している．そこで，様々な合成高分子ゲルの表面摩擦が系統的に研究され，ゲルの表面摩擦が通常の固体の摩擦や流体の潤滑よりも複雑であることが明らかにされている[150]．

まず，ゲルの摩擦力は通常の個体に比べて非常に小さな値を示し，荷重に対して単純に比例しない．通常の固体間の摩擦では摩擦力 F と荷重 W との間には次式のような比例関係（Amonton-Coulombの法則）が成立する．

$$F = \mu W \tag{5.1}$$

ここで,比例定数 μ が摩擦係数であり,接触面積や滑り速度などの条件には依存しない物質固有の値である.しかし,様々な基板上でゲルを滑らせたときの摩擦力は次式のような関係を示すことが実験的に明らかにされている.

$$F \propto W^\alpha A^\beta \quad (\alpha + \beta \cong 1) \tag{5.2}$$

通常の固体表面の摩擦力は接触面積に依存しないが,ゲルの摩擦力は式 (5.2) のように見かけの接触面積 A に依存する.そこで,単位面積あたりの摩擦力を f とすると,以下のように f は圧力 P の α 乗に比例することになる.

$$f = F/A \propto W^\alpha A^\beta /A \cong W^\alpha A^{1-\alpha}/A = (W/A)^\alpha = P^\alpha \tag{5.3}$$

$\alpha = 1$ の場合が通常の固体が従う Amonton-Coulomb の法則に相当する.$\mu = F/W$ で定義されるゲルの摩擦係数は荷重依存性を示し,通常の固体の 1/10 から 1/100 程の小さな値を示す.

ゲル表面の摩擦力は滑り速度に依存し,接触界面の相互作用により大きく変化する.ゲルの摩擦挙動は,その界面に存在する高分子鎖の吸着や反発などの相互作用に支配されている.通常の固体とは異なってゲルは柔らかいので,その界面では高分子網目のスケールで接触していると考えられる.そのため,高分子鎖と固体との間に作用する引力や斥力によって摩擦力が大きく異なる.例えば,ゲルの高分子鎖と基板との間に引力が働く場合には,基板表面に吸着されている高分子鎖の変形を伴って基板表面から脱着するので,その網目鎖の弾性力が摩擦力として現れる.一方,ゲルの高分子鎖と基板との間に斥力が働く場合には,その界面の高分子鎖が基板から離れようとし,その間に溶媒層が形成されるため,流体潤滑による摩擦力が生じる.

ゲルを合成するときの鋳型の表面はゲル網目の表面構造に大きく影響する.例えば,親水性のガラス基板と疎水性のポリスチレン基板の上でゲルを合成した場合,その表面摩擦が大きく異なる.一般に,疎水性の

鋳型を用いて合成したゲルは表面付近の架橋密度が疎になってグラフト状になるため,その摩擦力は親水性ガラス基板で合成したゲルに比較して小さな値を示す.このようにゲルと固体との表面摩擦挙動は大きく異なり,学術的な観点から理論的・実験的研究が進められている[151].

一方で,医療材料や衛生材料などにすでに使用されているゲルの表面摩擦は,実用化の上でも重要な物性である.最近,低摩擦表面を有するゲル層がリン脂質ポリマー(MPCポリマー)から形成され,人工関節としての応用が検討されている.人工関節に置き換える手術は年間約10万件も行われているが,その関節面に使用しているポリエチレンの摩耗によって手術後約十数年で弛みが生じて深刻な問題を引き起こしている.そこで,人工関節の関節面に使用しているポリエチレンの表面に,光開始グラフト重合によってMPCポリマーゲル層が形成された[152].その結果,人工関節の動摩擦係数は1/10以下に低減し,高い潤滑特性が得られ,長期間安定して関節軟骨様の機能を発揮できた.

3.7節で述べた表面開始ATRP(SI-ATRP)により基板表面上に均一な膜厚を有する高分子ブラシが形成され,その表面摩擦についても検討されている.例えば,ポリ(2,3-ジヒドロキシプロピルメタクリレート)からなる高分子ブラシは水中で低い動的摩擦係数を示した[153].さらに,SI-ATRPにより基板表面に高密度なMPCポリマーブラシが形成され,ガラス球プローブの滑り状態によって摩擦係数が調べられた(図 **5.7**)[154].

一方,ジメチルシロキサンネットワークにシリコーンオリゴマーを含有させると,ネットワークからオリゴマーが表面に浮き出るため,摩擦抵抗が非常に小さい滑る表面(slippery surface)を設計できる[155].この表面を長期間使用してオリゴマーが表面から脱離しても,内部のオリゴマーが再び浮き出てくるため,滑る表面を長期間維持することができる.

一般に材料表面の親水性/疎水性は表面接触角によって評価されている.例えば,温度応答性高分子のPNIPAAmをグラフトした基板表面での水の接触角はLCST以下で小さいが,LCST以上になると急激に増加して,基板表面の親水性/疎水性が温度でスイッチできることが示

84　第5章　ゲルの物性

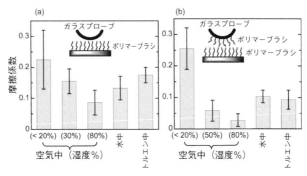

図 5.7　様々な条件下における MPC ポリマー表面グラフト層の摩擦係数.

出典：M. Kobayashi, Y. Terayama, N. Hosaka, M. Kaido, A. Suzuki, N. Yamada, N. Torikai, K. Ishihara and A. Takahara: *Soft Matter*, **3**, 740 (2007).

されている[156]．

　一方，材料の表面性質は環境に敏感であり，多成分系高分子の場合には表面自由エネルギーの低い成分が表面に偏在化する．そのため，通常の空気中での水接触角によって水中での材料の表面性質を正確に評価することは困難である．そこで，水中における材料表面での気泡の接触角測定により，水中で使用される材料の表面性質が評価されている．特に親水性のゲル材料の場合には空気中での水接触角測定は難しく，水中での接触角測定が有用である．例えば，水中で気泡とヨウ化メチレンの接

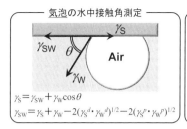 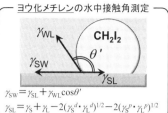

図 5.8 水中における接触角測定と各界面張力の釣り合い.

触角を測定すると,式 (5.4)〜式 (5.6) により水中における材料の表面自由エネルギーを決定できる[157,158].

$$\gamma_S = \gamma_S^d + \gamma_S^p \tag{5.4}$$

$$(\gamma_S^d)^{1/2} = \frac{(\gamma_L^p)^{1/2}(\gamma_W \cos\theta + \gamma_W) - (\gamma_W^p)^{1/2}(\gamma_L + \gamma_{WL}\cos\theta' + \gamma_W \cos\theta)}{2[(\gamma_W^d \cdot \gamma_L^p)^{1/2} - (\gamma_L^d \cdot \gamma_W^p)^{1/2}]} \tag{5.5}$$

$$(\gamma_S^p)^{1/2} = \frac{\gamma_W \cos\theta + \gamma_W - 2(\gamma_S^d \cdot \gamma_W^p)^{1/2}}{2(\gamma_W^p)^{1/2}} \tag{5.6}$$

ここで,添え字の S が固体,W が水,L がヨウ化メチレンを表し,1 文字の添え字の場合が空気界面における表面自由エネルギーで,2 文字の添え字がそれぞれの界面自由エネルギーを示す.また上付き添え字の d および p は,それぞれ表面自由エネルギーの分散力成分と極性力成分である.

この方法で水中における共重合体材料の表面自由エネルギーを求めると,通常の空気中での接触角測定から得られる表面自由エネルギーよりも高い値を示し,水中では親水性成分が表面偏在化していることがわかる.さらに,水中での表面自由エネルギーとタンパク質吸着挙動との間に明確な相関関係が認められ,親水性のゲル材料の表面を評価する方法として利用できる[158].

第6章

ゲルの機能

　ゲルはユニークな性質を示し，それに基づいて様々な機能を発現することができる．開放系であるゲルは分離担体などとしてすでに実用化されている．また，酵素固定担体としてのゲルの利用は初期のバイオテクノロジーとして古くから研究されてきた．さらに含水状態のゲルは生体に近い材料として医療分野への応用研究が盛んである．ゲルがスマート材料として注目されるようになった転機はゲルの体積相転移の発見であり，様々な分野における機能を制御するために刺激応答性の利用が試みられている．本章では，刺激の種類に分類して刺激応答機能を紹介した後に，その他の機能について最新トピックスも含めて紹介する．

6.1 刺激応答機能

6.1.1 pH応答性ゲル

　外部環境変化に応答して体積変化するゲルは，刺激応答性ゲルや環境応答性ゲル，インテリジェントゲル，スマートゲルと呼ばれている（図**6.1**）．古くから知られている刺激応答性ゲルは，溶液のpH変化に応じて急激に体積変化するpH応答性ゲルである．一般に，pH応答性ゲルは，高分子網目に解離基であるカルボキシ基やアミノ基を導入することにより得られ，溶液中のpH変化に応じた解離度の変化によってゲル浸透圧が変化するためにpH応答性を示す．

　典型的なpH応答性ゲルとしてポリアクリル酸（PAAc）ゲルが知られており，酸性pHでは収縮しているが，中性近傍のpHになると急激に膨潤する．酸性解離基であるカルボキシ基やスルホン酸基，リン酸基などを有するゲルの場合にはPAAcゲルのように低pHで収縮し，高

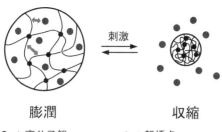

図 **6.1** ゲルの刺激応答挙動.

pH で膨潤する．これに対して，低 pH で膨潤し，高 pH で収縮するタイプの pH 応答性ゲルは，塩基性のアミノ基を有する高分子から合成できる．いずれの場合の pH 応答性ゲルも，pH 変化によって解離基の状態が変化し，対イオンによる浸透圧変化に基づいて大きな体積変化を示す．

疎水性成分を有する高分子電解質ゲルの場合には，通常の pH 応答性ゲルとは異なるユニークな膨潤挙動を示すことがある．例えば，疎水性のメチルメタクリレート（MMA）と pH 応答性成分の N,N-ジメチルアミノエチルメタクリレート（DMA）との共重合体ゲルは，酸性領域で急激に膨潤するユニークな pH 応答性を示す[159]．

一方，pH 変化によって主鎖が解離して構造変化するポリサイラミンゲルが，酸性 pH で急激に膨潤することが報告されている[160]．興味深いことにポリサイラミンゲルは，pH 変化によって主鎖が解離し，それに伴って分子構造が変化するために高分子鎖の剛直性も変化する．その結果，塩基性条件下に比較して酸性条件下の方がポリサイラミンゲルの膨潤度は高くなるが，それにもかかわらず弾性率も増加するといったユニークな挙動を示す．

上記のような合成高分子からなるゲルだけではなく，タンパク質などの生体分子の構造変化を利用した pH 応答性ゲルも報告されている．例えば，タンパク質の構造モチーフの一つであるコイルドコイル（coiled-coil）は pH や温度変化によって α-ヘリックス構造からランダム構造

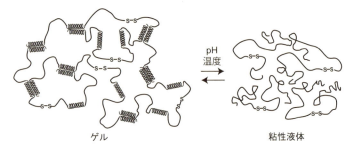

図 6.2 ロイシンジッパードメインと水可溶性セグメントからなるトリブロック共重合体の pH および温度に応答したゾル-ゲル相転移挙動.
出典:W.A. Petka, J.L. Harden, K.P. McGrath, D.Wirtz and D.A. Tirrell: *Science*, **281**, 389 (1998).

へと変化するため,その会合体形成能が大きく変化する.そこで,遺伝子組換え大腸菌を用いて末端ロイシンジッパードメインと水可溶性セグメントからなる人工タンパク質が合成された(図 6.2)[161].この人工タンパク質は,低 pH で α-ヘリックス構造に基づくコイルドコイル構造を形成し,それらが会合体形成してゲル状態になるが,高 pH ではランダム構造に変化して会合体が解離するためにゾル状態へと変化する.α-ヘリックス構造は pH だけではなく,温度にも影響されるため,この人工タンパク質は pH や温度に応答してゾル-ゲル相転移挙動を示す.

6.1.2 温度応答性ゲル

水系で LCST をもつ温度応答性高分子としては PNIPAAm などのアクリルアミド誘導体,ポリビニルエーテル,ポリエチレンオキシドとポリプロピレンオキシドのトリブロック共重合体(ポロキサマー,プルロニック)などが知られている[34,162,163].例えば,PNIPAAm は水中で 32℃ 付近に LCST をもっており,LCST 以下では親水性で水に溶解してランダムコイル状であるが,LCST 以上になると疎水性になって高分子鎖がグロビュール状態で不溶となる.

代表的な LCST 型の温度応答性高分子を図 6.3 に示す.これらの高分子の温度応答性は,疎水性部位近傍に束縛されているエントロピーの小さな水分子によって引き起こされる高分子鎖同士の疎水性相互作用に

6.1 刺激応答機能

ポリマー	化学構造	LCST (°C)
ポリ(N-アクリロイルピペリジン)	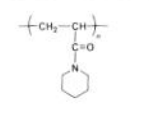	5.5
ポリ(ヒドロキシプロピルメタクリルアミドジラクテート)	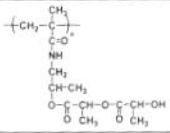	13.0
ポリ(N-メチル-N-n-プロピルアクリルアミド)	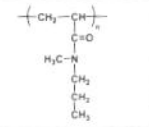	19.8
ポリ(2-Tトキシエチルビニルエーテル)	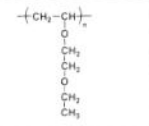	20.0
ポリ(N-n-プロピルアクリルアミド)	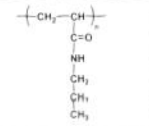	21.5
ポリ(N-メチル-N-イソプロピルアクリルアミド)	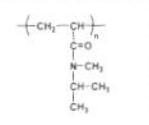	22.3
ポリ(N,N-ジエチルアクリルアミド)	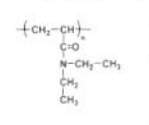	25.0

ポリマー	化学構造	LCST (°C)
ポリ(N-n-プロピルメタクリルアミド)	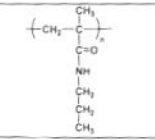	28.0
ポリ(N-イソプロピルアクリルアミド)	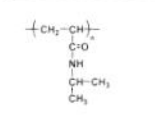	30.9
ポリ(N-ビニル-N-ブチルアミド)	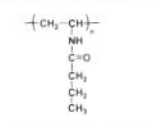	32.0
ポリ(メチルビニルエーテル)	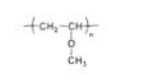	34.0
ポリ(N-ビニルイソブチルアミド)	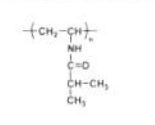	39.0
ポリ(N-イソプロピルメタクリルアミド)	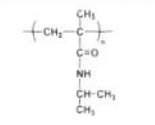	44.0
ポリ(N-シクロプロピルアクリルアミド)	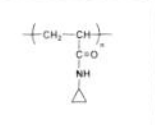	45.5

ポリマー	化学構造	LCST (°C)
ポリ(N-ビニルカプロラクタム)	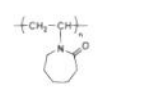	30.0-50.0
ポリ(N-メチル-N-エチルアクリルアミド)	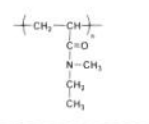	56.0
ポリ(N-アクリルピロリジン)	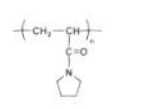	56.0
ポリ(N-エチルメタクリルアミド)	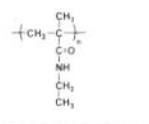	58.0
ポリ(N-シクロプロピルメタクリルアミド)	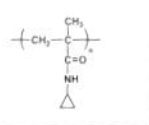	59.0
ポリ(ヒドロキシプロピルメタクリルアミドモノラクテート)	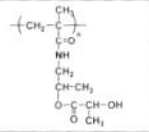	65.0
ポリ(N-エチルアクリルアミド)	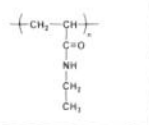	72.0

図 6.3 LCST 型温度応答性高分子の例

基づいている．高分子溶液論の観点から眺めると，LCST 以下の温度では高分子と水との間の χ パラメータが 0.5 以下で溶解するが，LCST 以上になると 0.5 を超えるために高分子が水に不溶となる．上記のように LCST 型の温度応答性高分子の場合には高分子鎖の親水性と疎水性のバランスが重要であり，χ パラメータが 0.5 近傍にある高分子が温度応答性を示しやすい．このような LCST を有する高分子からなるゲルは，LCST 付近で明確な体積相転移を示し，PNIPAAm ゲルは代表的な低温膨潤―高温収縮型の温度応答性ゲルとして知られている[15]．

温度上昇に伴って PNIPAAm ゲルが収縮する際，PNIPAAm 鎖の脱水和に伴うスキン層の形成のため，平衡膨潤度に達するまでに長時間を要する．しかし，PNIPAAm ゲルの網目鎖に直鎖状の PNIPAAm 鎖をグラフトした櫛形構造を導入すると，直鎖状 PNIPAAm 鎖が先に脱水和して PNIPAAm 網目鎖間の凝集力を増加させることができ，その収縮速度を著しく向上できる[164]．

また，PNIPAAm に親水性成分を導入することによって LCST を上昇させることができ，逆に疎水性成分を導入すると LCST を低下させることができる．しかし，親水性成分を共重合させると，LCST の上昇と共に温度応答性のシャープさが低下することが多い．しかし，PNIPAAm のイソプロピル基にカルボキシ基やアミノ基を導入した PNIPAAm 誘導体（CIPAAm，AIPAAm）ゲルの場合には，親水性官能基をもちながらシャープな温度応答性を維持することができる[165]．

ポリビニルメチルエーテル（PVME）も同様に LCST を示し，リビングカチオン重合によって様々なビニルエーテルの共重合体が合成されている．そのビニルエーテルの種類や共重合組成，配列によって LCST や UCST を有する高分子が報告されている（3.2 節参照）[34]．

PNIPAAm ゲルとは逆に，温度上昇に伴って膨潤する高温膨潤型の温度応答性ゲルとしては，水素結合の温度依存性を利用した PAAm と PAAc との IPN ゲルが知られている[166]．PAAm のアミド基と PAAc のカルボキシ基は水素結合を形成するが，温度上昇に伴って次第に解離する．PAAm と PAAc との IPN ゲルは，低い温度ではゲル内のアミド基とカルボキシ基がジッパーのように水素結合を形成して収縮状態

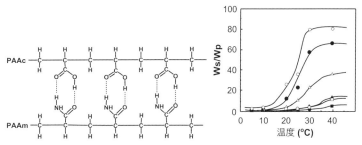

図 6.4　PAAc と PAAm の水素結合を利用した高温膨潤型温度応答性ゲル．
出典：H. Katono, A. Maruyama, K. Sanui, N. Ogata, T. Okano and Y. Sakurai: *J. Control. Release*, **16**, 215 (1991).

となるが，温度が高くなると水素結合が解離して膨潤状態へと変化する（図 **6.4**）．

さらに，上記のように異種の高分子鎖間の水素結合を利用した温度応答性ゲルとは異なり，単一高分子鎖からなる高温膨潤型の温度応答性ゲルも報告されている．例えば，水素結合サイトとして核酸塩基のウラシルを側鎖に有する高分子が，その水素結合の形成・解離によって低温で水に不溶，高温で溶解する[167]．同様に多価水素結合を形成するウレイド基を導入した高分子は，低温ではウレイド基同士の水素結合によって水に不溶であるが，温度上昇に伴って水素結合が解離して水溶性へと変化する．このウレイド基含有モノマーと架橋剤モノマーとを共重合することにより，UCST 型の温度応答性ゲルを合成できる[168]．このような UCST 型の代表的な温度応答性ポリマーを図 **6.5** にまとめる．

一方，メタクリル酸（MAAc）と NIPAAm との共重合により，pH 応答性と温度応答性を併せもった刺激応答性ゲルも合成できる．例えば，P(MAAc-NIPAAm) ゲルは PMAAc ゲルと同様に pH 応答性を示すと共に PNIPAAm ゲルのような温度応答性も示す．中性以上の pH では P(MAAc-NIPAAm) ゲルのカルボキシ基が解離するために高分子鎖の親水性が高くなり，PNIPAAm 成分の温度応答性が低下するが，酸性 pH ではカルボキシ基の解離が抑制され，PNIPAAm の温度応答性が顕著に現れてくる．したがって，P(MAAc-NIPAAm) ゲルの温度応答性は pH によって制御でき，逆に pH 応答性は温度によって変

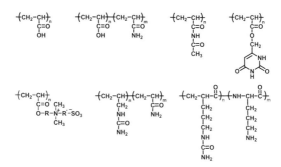

図 6.5　水中で UCST を示す温度応答性高分子の例.

化させることができる[169].

　また二価の酸であるリン酸を有するモノマーと親水性がそれほど高くない 2-ヒドロキシエチルメタクリレート（HEMA）との共重合体ゲルは，リン酸基の 2 つの pKa に対応した 2 段階の pH 応答性を示すと共に，温度応答性成分をもたないにもかかわらず，各モノマーの親水性／疎水性のバランスによって低温膨潤—高温収縮型の温度応答性を示す[170]．同様に，親水性モノマーと疎水性モノマーとの共重合によって親水性／疎水性のバランスを制御すると，PNIPAAm のような温度応答性成分を用いなくても温度応答性ゲルを合成できることが報告されている[171].

　さらに，比較的柔らかい高分子鎖の官能基間の相互作用を部分的に切断するエフェクター分子を利用した溶媒—高分子—エフェクターの 3 成分系で，LCST 型や UCST 型の温度応答性を示す分子デザインが可能である（図 6.6）[172]．この結果は，第三成分を用いて高分子間に働く相互作用を制御することにより，様々な溶媒や温度で LCST 型や UCST 型の温度応答性ゲルが設計できることを示唆している．

　上記のように温度変化に応じて膨潤・収縮する温度応答性ゲルだけではなく，ゾル状態からゲル状態へと変化するゾル–ゲル相転移ポリマーも数多く報告されている[32,173-176]．例えば，ポリエチレンオキシド（PEO）とポリ(L-乳酸)(PLLA）とのトリブロック共重合体（PEO-PLLA-PEO）はある温度以上で水に溶解するが，温度を下げ

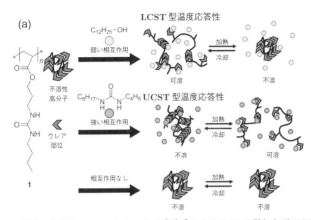

図 6.6 溶媒—高分子—エフェクターの 3 成分系による LCST 型および UCST 型温度応答挙動.

出典：S. Amemori, K. Kokado and K. Sada: *J. Am. Chem. Soc.*, **134**, 8344 (2012).

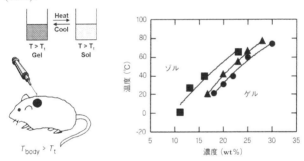

図 6.7 PEO-PLLA-PEO 水溶液の相図とインジェクタブルポリマーとしての応用図.

出典：B. Jeong, Y.H. Bae, D.S. Lee and S.W. Kim: *Nature*, **388**, 860 (1997).

ると系全体の流動性が急激に低下してゲル状態へと変化する[177]．この PEO-PLLA-PEO 水溶液に薬物を溶解すると，45℃付近ではゾル状態となって体内に注射で注入でき，体温付近でゲル状態に変化して薬物リザーバーとして機能させることができる（図 6.7）．

1997 年にこのインジェクタブルポリマーとしての応用が示されて以来，生分解性高分子を中心としたゾル-ゲル相転移ポリマーが精力的に

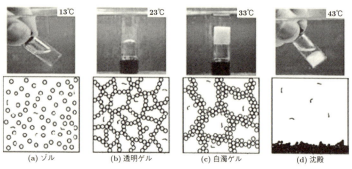

(a) ゾル　(b) 透明ゲル　(c) 白濁ゲル　(d) 沈殿

図 6.8　PLGA-PEG-PLGA 水溶液の温度応答性ゾル-ゲル相転移挙動.
出典：L. Yu and J. Ding: *Chem. Soc. Rev.*, **37**, 1473 (2008).

研究されてきた．その中には低温でゾル状態，高温になるとゲル状態に変化するゾル-ゲル相転移ポリマーも報告されている．例えば，ポリ乳酸とグリコール酸との共重合体（PLGA）と PEG とからなるトリブロック共重合体（PLGA-PEG-PLGA）はこのタイプのゾル-ゲル相転移挙動を示す（図 **6.8**）[32].

生体分子の構造変化や複合体形成を利用した温度応答性ゲルも報告されている．例えば，キレート配位子を有するモノマーと *N*-(2-ヒドロキシプロピル)メタクリルアミドとの共重合体ゲルが合成され，タンパク質の構造モチーフであるコイルドコイルがヒスチジン末端との配位結合によってゲル内に導入された．温度変化によってコイルドコイル構造のコンフォメーションが変化するため，このゲルは温度に応答して膨潤・収縮した（図 **6.9**）[178]．コイルドコイル構造を形成するペプチド配列は *de novo* デザインでき，それに応じて低温膨潤—高温収縮型あるいは低温収縮—高温膨潤型の温度応答性を設計することが可能である．

従来の温度応答性ゲルは，水系媒体中で温度応答性を示すヒドロゲルを中心として研究されてきたが，最近はイオン液体と呼ばれるカチオンとアニオンとからなる液体を溶媒としたゲル（イオンゲル）がユニークな温度応答性を示すことも報告されている[179]．

イオン液体とは，カチオンとアニオンとからなる塩であるにもかかわらず，融点が室温以下にあるために，室温で液体状態になる常温溶融塩

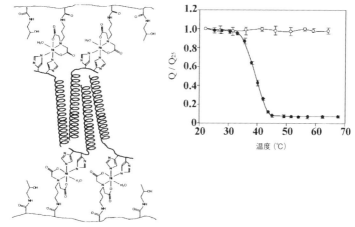

図 6.9 コイルドコイルの構造変化を利用した温度応答性ゲルの膨潤度変化.
出典:C. Wang, R.J. Stewart and J. Kopecek: *Nature*, **397**, 417 (1999).

である.イオン液体は蒸発しにくく,熱安定性に優れており,イオン伝導率が高いなどの利点を有するため,電気化学デバイスの電解質や反応溶媒など様々な分野への応用が期待されている.このようなイオン液体を溶媒とするイオンゲルは,通常の溶媒で膨潤したゲルとは異なって溶媒が蒸発しないために幅広い条件下での使用が可能である.

典型的なイオン液体の $[C_2min][NTf_2]$ を溶媒とした場合には,PNIPAAm は UCST 型相変化を示し,ポリベンジルメタクリレート(PBnMA)は LCST 型相変化を示す.そこで,PNIPAAm イオンゲルおよび PBnMA イオンゲルを合成すると,それらは $[C_2min][NTf_2]$ 中でそれぞれ低温収縮―高温膨潤型および低温膨潤―高温収縮型の体積変化することが報告されている[180,181].

6.1.3 電場応答性ゲル

高分子ゲルの pH 応答性挙動が Kuhn と Katchalsky らによって報告されて以来,刺激応答性ゲルはアクチュエータとしての研究が進められてきた[182-184].その中でも電場は,pH や温度に比較して素早く制御できる刺激としてアクチュエータとの相性が良い.そのため,電場

応答性ゲルは電気エネルギーを力学エネルギーへと変換する人工筋肉やアクチュエータなどのエネルギー変換材料として有望視されている. 1965年にPVAとPAAcとからなるゲルが電場に応答して膨潤収縮する現象が初めて観察され, 人工筋肉としての可能性が示唆された[185]. その後, 水—アセトン混合液中で部分加水分解したPAAmゲルに電場印加すると陽極側で急激に収縮し, 電場に応答した体積相転移も確認された[186].

ポリ(2-アクリルアミド-2-メチルプロパンスルホン酸)(PAMPS) ゲルに電場印加すると収縮するので, 多孔質PVA膜内でAMPSを重合させたゲル膜は水透過性を電場制御できるケミカルバルブとして利用できる[187]. また, 水中でAAcとAAmとの共重合体からなる円柱状ゲルを電場方向に対して垂直に置き, 電場印加すると明確な屈曲現象を示す[188]. このような高分子電解質ゲルの電場応答挙動は, 電場印加によるpH変化や対イオンの拡散による浸透圧変化に基づいている. さらに, 疎水部を有するカチオン性界面活性剤を存在させた状態で負電荷を有するPAMPSゲルに電場を印加すると, その印加方向に対応してカチオン性界面活性剤が拡散し, ゲルネットワークに非対称に吸着する. この吸着したカチオン性界面活性剤の疎水部が疎水性相互作用によって凝集し, ゲルが非対称に屈曲することも明らかになった (図**6.10**)[189].

一方, 非イオン性ゲルであるPVAゲルでも, ジメチルスルホキシド(DMSO) で膨潤させて空気中で交流電場を与えると伸縮し, 羽根の羽ばたきのような駆動システムが構築されている[190]. パーフルオロスルホン酸(Nafion) 膜の表面に白金でメッキした高分子電解質膜は電場に応答して俊敏に屈曲するので, すでに人工魚などの商品化が行われ, さらにカテーテル材料などの応用を目指して研究されている[191].

電場応答性ゲルをアクチュエータなどに利用する場合には, 溶媒の蒸発が重要な問題となる. 最近, 蒸気圧がほぼゼロであるイオン液体を溶媒とするゲルも調製され, カーボンナノチューブをイオン液体に分散させたゲル (バッキーゲル) が報告されている[192]. そこで, 単層カーボンナノチューブ (SWNT) を分散させたバッキーゲル電極層

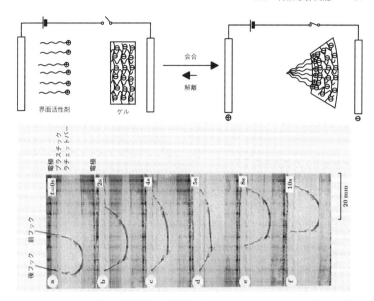

図 6.10 カチオン性界面活性剤の吸脱着を利用した PAMPS ゲルの電場応答挙動.
出典：Y. Osada, H. Okuzaki and H. Hori: *Nature*, **355**, 242 (1992).

を用いてポリフッ化ビニリデン（PVdF）誘導体で支持されたイオン液体の電解質層をサンドイッチすることにより，空気中で作動するアクチュエータが構築された（図 6.11）[193,194]．その他にもポリスチレンとポリメタクリル酸メチルからなる ABA 型トリブロック共重合体（PS-*b*-PMMA-*b*-PS）とイオン液体から調製されたイオンゲルが，電場印可によってアノード側へと屈曲し，イオン伝導度がアクチュエータとしての性能と密接に関係していることが明らかにされた[195]．

さらに溶媒を含まない強誘電体高分子の電歪現象[196]やポリアニリンなどの導電性高分子の酸化還元状態の変化に基づく膨潤収縮現象[197]を利用した電場応答性ゲルも合成されている．例えば，導電性高分子のポリピロール層とポリエチレン層からなる高分子材料は，電気化学的なドープと脱ドープによって体積変化や屈曲することが報告されている[198]．さらにポリピロールフィルムに数 V の電圧を印加すると，電解液やレドックスガスを用いない条件下の空気中で収縮する現象も見出

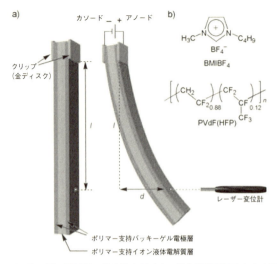

図 6.11 バッキーゲル電極層で挟み込んだイオン液体電解質層からなる電場応答性アクチュエータ.

出典:T. Fukushima, K. Asaka, A. Kosaka and T. Aida: *Angew. Chem. Int. Ed. Engl.*, **44**, 2410 (2005).

されている.このような電場応答性挙動は,従来の電気化学的ドープ・脱ドープとは異なり,ジュール熱による水蒸気の可逆的吸脱着に基づいている[199].これらの導電性高分子アクチュエータはマイクロシステムを構築するためのデバイスとしても利用されている[200].

溶媒の代わりに可塑剤を加えたポリ塩化ビニル(PVC)ゲルが,極めて小さい誘電率にもかかわらず,電場方向には変形せずに陽極上に這い出てくるようなクリープ現象が見出されている.このクリープ現象は電場印可の繰り返しに応答して駆動し,アメーバの偽足様変形として報告されている.このような電場応答性変形を利用して透明な可塑化PVCゲルから焦点可変レンズが作製されている[201].

その他,液晶分子は電場によって再配向するため,液晶エラストマーを低分子液晶溶媒で膨潤させた液晶ゲルは電場によって大きく変形する[202].液晶ゲルの大きな電場応答性変形挙動は,液晶性溶媒による膨潤によって材料全体の液晶性と誘電異方性がゲル内で維持されているた

めである．有機ゲル化剤を用いて低分子液晶をゲル化させた液晶性物理ゲルも電場に応答して光学特性を変化させることが知られている[203]．このように様々な電場応答性ゲルが開発され，ゲルフィッシュやゲル尺取り虫，ロボットハンドなどの生体模倣型アクチュエータとして注目されている．

6.1.4 光応答性ゲル

光はpHや温度などの刺激とは異なり，非接触で遠隔操作が可能であるため，アクチュエータやナノデバイスなどへの応用を目的として様々な光応答性ゲルが設計されてきた．その多くが光照射によって高分子鎖の親水性／疎水性が変化し，PNIPAAmのLCSTがシフトすることによって光応答性を示すという機構に基づいている．最初に報告された光応答性ゲルは，光合成で重要な役割を果たしている葉緑素から得られる銅クロロフィリンナトリウムとNIPAAmとの共重合によって得られた[204]．LCST付近の温度一定の条件下で，このPNIPAAm/クロロフィリン共重合体ゲルに可視光を照射すると瞬時に収縮した（図**6.12**）．

UV照射により解離してイオン型になるロイコシアニド基を有するモノマーとNIPAAmとの共重合体ゲルはUV照射していない状態では温度変化に対して連続的に体積変化したが，UV照射時には不連続な体

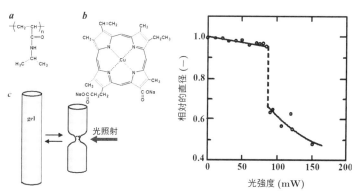

図**6.12** PNIPAAm/クロロフィリン共重合体ゲルの光応答挙動．
出典：A. Suzuki and T. Tanaka: *Nature*, **346**, 345 (1990).

積変化を示した[205]. そこで特定の温度一定の条件下で UV 照射すると この共重合体ゲルは急激に膨潤したが, UV 照射を止めると収縮した. このような UV 応答性膨潤挙動は, UV 照射によりロイコシアニド基がイオン型へと変化し, ゲル内の浸透圧が増加するためである. 同様に, UV 照射によってシス体からトランス体へと異性化するアゾベンゼンを PNIPAAm に導入した共重合体ゲルは, UV 照射下でアゾベンゼンの異性化に伴う親水性／疎水性変化により, ゲル網目の LCST が変化するために光に応答して大きく体積変化する[206].

さらに, PNIPAAm ゲルがレーザー光の放射圧によって可逆的で不連続に体積を減少させることが確認された[207]. このレーザー光による体積相転移は, 局所的な温度上昇ではなく, 放射圧によって高分子鎖間の弱い相互作用が変化するためである. このような放射圧による収縮は, せん断—緩和過程を経て照射部分から数十 μm の範囲まで及ぶことがわかった.

また, 光異性化するフォトミック色素のスピロピラン (Sp) を導入した PNIPAAm ゲルが, 光照射によって顕著な収縮応答性を示すことが報告されている[208]. PNIPAAm の LCST よりもわずかに低い温度一定の酸性条件下では, スピロピラン残基が正電荷を有するプロトン化メロシアニン構造を形成して膨潤状態にある. しかし, 光照射によって電荷をもたない疎水性のスピロピラン構造へと異性化すると, LCST が変化して疎水化するために急激に収縮する. このような光応答性ゲルを利用することにより, マイクロ流路のバルブ制御や流路形成を光によってコントロールできる光応答性ゲルマイクロシステムの構築が可能である[209].

上記のような高分子鎖の LCST 変化を利用した設計戦略のほか, ホスト分子とゲスト分子との選択的な相互作用も光応答性ゲルの設計に利用されている[73]. 例えば, 側鎖にホスト分子である α-シクロデキストリン (α-CD) と光応答性ゲスト分子であるアゾベンゼン (Azo) を導入した PAAm ゲルでは, α-CD-Azo 包接錯体が架橋点として作用する. このゲルに UV 照射 (365 nm) すると, アゾベンゼンがトランス体からシス体へと光異性化するために包接錯体が解離して膨潤する

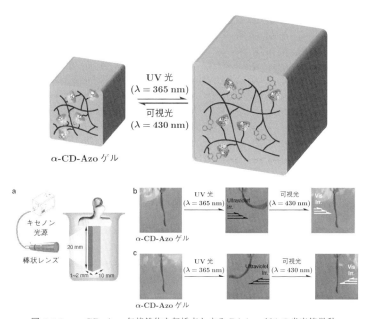

図 6.13 α-CD-Azo 包接錯体を架橋点とする PAAm ゲルの光応答挙動.

出典:Y. Takashima, S. Hatanaka, M. Otsubo, M. Nakahata, T. Kakuta, A. Hashidzume, H. Yamaguchi and A. Harada: *Nat. Commun.*, **3**, 1270 (2012).

が,これに可視光照射(430 nm)すると,再び包接錯体が形成されて収縮する(図 **6.13**)[210].短冊状に成形した α-CD-Azo ゲルの一方向から UV 光を照射すると屈曲し,可視光照射により元に戻り,繰り返し光応答を示すことができる.さらに,Azo を修飾した α-CD が互いの Azo ユニットを包接し合った挿し違い構造([c2]daisy chain)で 4 分岐 PEG を架橋した超分子ゲルも設計され,機械的に架橋された軸分子同士が光に応答して滑り運動し,瞬時に伸縮を繰り返すことが示された[211].

イオン液体を溶媒とするイオンゲルでも光応答性を示すゲルが報告されている.例えば,アゾベンゼンを側鎖に有するメタクリル酸エステル(AzoMA)とポリベンジルメタクリレート(PBnMA)との共重合体からなるイオンゲルに UV 照射し,アゾベンゼンの光異性化によっ

てシス体へと変化させた後,双安定構造である 80℃ にして 437 nm の可視光を照射すると収縮して 1/8 程度まで体積が減少する[212].

アゾベンゼンを導入したポリシロキサン骨格からなる架橋液晶高分子フィルムは,光照射に応答してアゾベンゼンのトランス—シス光異性化に基づく分子配向が変化し,ネマチック相から等方相へ相転移して収縮する[213].その他にもアゾベンゼンを含む架橋剤モノマーで架橋した光応答性架橋液晶高分子フィルム[214]や側鎖メソゲン基にアゾベンゼンを含む液晶高分子ゲル[215],側鎖アゾベンゼンとアゾベンゼン架橋を有する有機シロキサンハイブリッドフィルム[216]など分子配向と光異性化反応を組み合わせた光応答性屈曲現象や光応答性体積相転移現象も報告されている.

6.1.5 分子応答性ゲル

従来の刺激応答性ゲルは,pH や温度,電場に応答して体積変化するゲルがほとんどであった.しかし,最近では医療応用を目的に,特定部位に存在する生体分子や疾病マーカーとなる生体分子に応答する刺激応答性ゲル(生体分子応答性ゲル)も報告されるようになった[217-220].

古くから研究されてきた生体分子応答性ゲルとしては,糖尿病治療を目指したグルコース応答性ゲルが挙げられる.糖尿病になると膵臓のランゲルハンス島からインスリンが分泌されなくなり,血糖値に応じたインスリン投与が必要になる.そこで,糖尿病の治療デバイスとして,血糖値に応じて自律的にインスリン放出を制御できるグルコース応答性ゲルが精力的に研究されてきた.最初に報告されたグルコース応答性ゲルとしては,グルコースオキシダーゼ(GOD)の酵素反応とアミノ基含有高分子の pH 応答性を連携させたゲル膜がよく知られている[221,222].

GOD はグルコースを加水分解してグルコン酸と過酸化水素を生成する反応を触媒する.アミノ基を有する N,N-ジエチルアミノエチルメタクリレート(DEA)と 2-ヒドロキシプロピルメタクリレート(HPMA)との共重合体に GOD を固定化したゲル膜は,外部溶液中のグルコース濃度に応じてインスリン透過速度を増加させた(図 **6.14**).グルコース濃度が増加すると,DEA-HPMA ゲル膜内の GOD の酵素

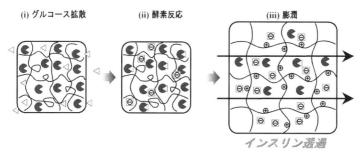

●, グルコースオキシダーゼ；◁, グルコース；⊖, グルコン酸

図 6.14 GOD の酵素活性とアミノ基含有高分子の pH 応答性を利用したグルコース応答性インスリン放出システム.

反応によりグルコースが分解されてグルコン酸が生成し，膜内の pH が低下する．この pH 低下によりアミノ基がプロトン化して共重合体ゲルが膨潤するため，グルコース濃度に応答してインスリン透過量が増加する．

一方，PNIPAAm の温度応答性とフェニルボロン酸の多価アルコール結合能とを組み合わせて，生体分子を利用しない完全合成系のグルコース応答性ゲルも設計されている[223]．フェニルボロン酸はアニオン型と中性型の平衡状態にあるが，グルコースと結合するとアニオン型に平衡が移動する．そのため，フェニルボロン酸基を有するモノマー（PVB）と NIPAAm との共重合体ゲルでは，グルコース溶液中でフェニルボロン酸基がグルコースと結合してアニオン型に変化し，ゲル網目の LCST が高温側へシフトする．そこで，グルコースの有無によって変化する LCST の間の温度で一定に保つと，PVB-NIPAAm ゲルはグルコースに応答して急激に膨潤する．

このゲル内にインスリンを含有させると，グルコース濃度に応答してインスリン放出の ON-OFF 制御が可能となる．しかし，PVB は pH 9 以上の塩基性条件下でのみグルコースと複合体形成でき，PNIPAAm の LCST も 32℃ 付近であるため，PVB-NIPAAm ゲルは生理条件下では最適なグルコース応答性を示すことができない．そこで，生理条件の pH 7.4, 37℃ でグルコース応答性を示すゲルを設計するため，フェ

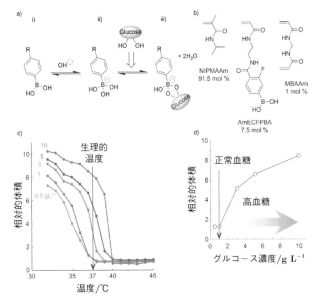

図 6.15 生理条件下での AmECFPBA-NIPMAAm 共重合体ゲルのグルコース応答性膨潤挙動.

出典：A. Matsumoto, T. Ishii, J. Nishida, H. Matsumoto, K. Kataoka and Y. Miyahara: *Angew. Chem. Int. Ed. Engl.*, **51**, 2124 (2012).

ニルボロン酸の pKa を低下させたフェニルボロン酸含有アクリルアミドモノマー（AmECFPBA）と LCST を上昇させた N-イソプロピルメタクリルアミド（NIPMAAm）からグルコース応答性ゲルが設計された（**図 6.15**）[224]．この共重合体ゲルは生理条件下でグルコース応答性を示し，グルコース濃度に応答したインスリンの放出制御も実現された．

一般的な刺激応答性ゲルは，式 (2.9) の第 1 項と第 3 項に含まれる外部環境変化による高分子鎖と溶媒との相互作用（χ）の変化や解離基の荷電状態（f）の変化に基づいて膨潤収縮する．しかし，式 (2.9) の第 2 項と第 3 項に含まれる架橋点数（ν_e）もゲルの膨潤挙動に影響されることから，外部刺激によって結合・解離する動的な架橋構造を導入することにより刺激応答性ゲルを設計できる．そこで生体分子複合体を動的

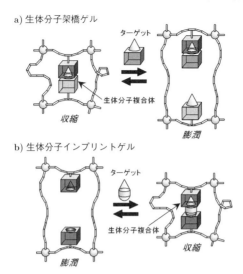

図 6.16 生体分子複合体を動的架橋として利用した生体分子応答性ゲルの概念図.
出典:T. Miyata: *Polym. J.*, **42**, 277 (2010).

架橋として用いることにより,生体分子応答性ゲルが合成されている.

この生体分子応答性ゲルは,標的生体分子を認識して応答膨潤する生体分子架橋ゲルと応答収縮する生体分子インプリントゲルに大別できる(図 **6.16**)[225].生体分子架橋ゲルは,架橋点として生体分子複合体を導入した高分子網目からなり,標的生体分子が存在すると複合体交換により架橋密度が減少して膨潤する.一方,生体分子インプリントゲルは,複数のリガンドを導入した高分子網目からなり,それらのリガンドが標的生体分子と複合体形成すると架橋密度が増加して収縮する.例えば,糖結合タンパク質のレクチンと側鎖糖を有する高分子(2-グルコシルオキシエチルメタクリレート;GEMA)との複合体を架橋点として用いた GEMA-レクチン複合体架橋ゲルは,グルコース濃度に応答して膨潤収縮する[226,227].さらに,3.6 節で述べたソープフリー乳化重合により,PEG ジメタクリレートと EAMA,重合性官能基を導入した GEMA-レクチン複合体を重合すると,サブマイクロメートルサイズのグルコース応答性ゲル粒子を合成できる[228].

また，生体内の特異的結合である抗原抗体複合体を架橋点として導入した抗原抗体複合体架橋ゲルは，標的抗原としてのウサギの免疫グロブリンG（IgG）に応答して膨潤したが，その他の動物種のIgGが存在しても全く変化しなかった[229,230]．この抗原応答性ゲルは生体高分子に応答する初めての刺激応答性ゲルであり，生体分子複合体が可逆的架橋として利用できることを示した．さらに抗原応答性ゲルは，標的抗原の濃度変化に応答して薬物透過を可逆的にON-OFF制御でき，自律応答型DDSへの応用が期待される（図6.17）[229,231]．

一方，標的生体分子を認識して収縮する生体分子応答性ゲルは分子インプリント法により合成できる．例えば，腫瘍マーカーの糖タンパク質（α-フェトプロテイン：AFP）を標的分子とし，その糖鎖とペプチド鎖を認識するリガンドとしてレクチンと抗体を用いた生体分子インプリント法によりAFPインプリントゲルが設計できる（図6.18）[232,233]．このAFPインプリントゲルは標的AFPに応答して収縮するが，それと類似の糖タンパク質が存在するとわずかに膨潤し，厳密なAFP認識応答性を示した．さらに，内分泌かく乱化学物質の疑いのあるビスフェノールA（BPA）を鋳型とし，そのリガンドとしてβ-シクロデキストリン（CD）を用いた分子インプリント法により，BPAに応答して収縮するBPA応答性ゲルも合成された[234]．

抗原応答性ゲルに関する研究が報告されて以来，架橋点として生体分子複合体を用いた様々な刺激応答性ゲルが合成されるようになった．例えば，Ca^{2+}結合タンパク質のカルモジュリン（CaM）を架橋点に用いた刺激応答性ゲルが報告された[235]．CaMはCa^{2+}と結合するとコンフォメーション変化するため，CaM導入ゲルはCa^{2+}に応答して膨潤する．その他にも，2分子のアデノシン二リン酸（ADP）からアデノシン三リン酸（ATP）とアデノシン一リン酸（AMP）を生成する反応を触媒するアデニル酸キナーゼ（AKe）を架橋点とするゲルは，基質のATPに応答したAKeのコンフォメーション変化に基づいて体積変化し，明確なATP応答性を示した[236]．

生体分子応答性ゲルの合成には，動的架橋としてDNAの二本鎖形成も利用されている．例えば，架橋点として一本鎖プローブDNAを導

6.1 刺激応答機能 107

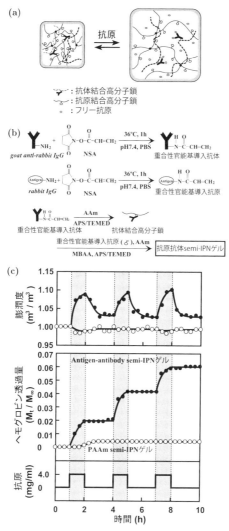

図 6.17 抗原濃度が変化したときの抗原抗体複合体架橋ゲルの可逆的膨潤収縮挙動とその薬物放出制御機能. ○：ポリアクリルアミドゲル，●：抗原抗体複合体架橋ゲル.

出典：T. Miyata, N. Asami and T. Uragami: *Nature*, **399**, 766 (1999).

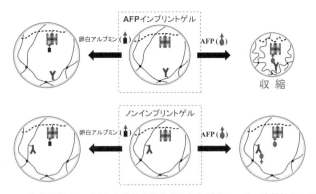

図 6.18 生体分子インプリント法により合成された腫瘍マーカー応答性ゲルの応答収縮挙動.

出典：T. Miyata, M. Jige, T. Nakaminami and T. Uragami: *Proc. Natl. Acad. Sci. USA*, **103**, 1190 (2006).

入したPAAmゲルは，相補配列を有するDNAが存在するとプローブDNAとの二本鎖形成に基づく架橋構造変化によって体積変化する[237]．また，DNA応答性ゲルビーズからなるフォトニック結晶も調製されている[238]．このDNA応答性ゲルビーズ内には量子ドットが取り込まれており，標的DNA存在下でゲルが収縮すると回折ピークがブルーシフトすることから，ラベルフリーのDNA検出に利用できる．さらに，動的架橋として二本鎖DNAを用いることにより応答膨潤型のDNA応答性ゲル，そして鋳型およびリガンドとして標的DNAとプローブDNAを用いた生体分子インプリント法により応答収縮型のDNA応答性ゲルが設計されている[239]．

また，末端にビニルスルホンを導入した星型PEGと両末端にシステインを導入したペプチド架橋剤が合成され，それらの末端ビニルスルホンと末端チオールとの付加反応によって細胞応答性ゲルが調製された（図 6.19）[240]．このペプチド架橋剤の配列は，細胞表面に存在するマトリックスメタロプロテアーゼ（MMP）により分解されるため，細胞成長に応じてマトリックス構造が変化する細胞応答性ゲルとして細胞培養基材などへの応用が期待できる．

さらに，動的架橋点として生体分子複合体を用いるコンセプトを拡張

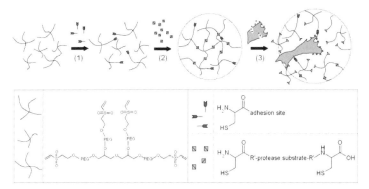

図 6.19 MMP を架橋点として導入した細胞応答性ゲル.
出典：M.P. Lutolf, J.L. Lauer-Fields, H.G. Schmoekel, A.T. Metters, F.E. Weber, G.B. Fields and J.A. Hubbell: *Proc. Natl. Acad. Sci. USA*, **100**, 5413 (2003).

して，生体分子をシグナルとしてゾル-ゲル相転移する高分子も合成されている．例えば，末端にヘパリンを結合した星型 PEG と血管内皮増殖因子（VEGF）との相互作用によって PEG ゲルが形成された[241]．この PEG ゲルでは VEGF を架橋点として網目構造が形成されているが，細胞表面に存在する VEGF レセプターにより VEGF が除去されるとゾル状態へと変化する．この相転移挙動を利用することにより，細胞表面の VEGF レセプターに応答した薬物放出制御が可能である[242]．

また，抗生物質であるクーママイシンと二量化するジャイレースサブユニット B（GyrB）が PAAm に導入され，この緩衝液がクーママイシン存在下でゲル化することが確認された[243]．このとき生成したゲルは，抗生物質ノボビオシンが存在すると架橋点が解離するためにゾル状態へと変化し，抗生物質に応答した VEGF 放出を実現した．また，標的分子と結合する DNA アプタマーを架橋点として用い，DNA 導入PAAm との二本鎖形成によりゲルが形成された（図 **6.20**）[244]．標的分子であるアデノシンがこのアプタマーに認識されると，架橋点として作用していた二本鎖 DNA が解離してゲル状態からゾル状態へと相転移した．

酵素反応を利用してゾル-ゲル相転移する高分子化合物や低分子化合

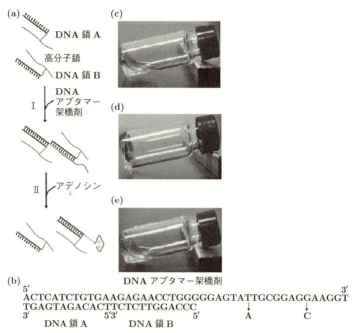

(b)
5'
ACTCATCTGTAAGAGAACCTGGGGGAGTATTGCGGAGGAAGGT
TGAGTAGACACTTCTCTTGGACCC
3'   5'3'   5'   A   C
DNA鎖A   DNA鎖B

図 **6.20** DNA 導入 PAAm ゲルの DNA アプタマー応答性ゲル化とアデノシン応答性ゾル化.

出典:H. Yang, H. Liu, H. Kang and W. Tan: *J. Am. Chem. Soc.*, **130**, 6320 (2008).

物も報告されている. 酵素で分解する多糖類やペプチドから網目を形成すると, 特定の酵素が存在する場合にのみ分解応答する酵素応答性ゲルが合成できる[245,246]. さらに, 1種類の酵素だけではなく, 2種類の酵素が同時に存在する場合や特定の温度範囲で酵素が存在する場合にのみ分解する二重刺激応答性ゲルも報告されている[247,248]. 例えば, α-キモトリプシンで分解されるゼラチンとデキストラナーゼで分解されるデキストランからなる IPN ゲルは, 各酵素が単独で存在しても分解されないが, 2種類の酵素が同時に存在すると分解され, 内包させた薬物を効率よく放出した.

上記のように, 分子に応答するゲルだけではなく, K^+ や Ba^{2+} など

の特定の金属イオンを認識して応答するゲルも PNIPAAm の温度応答性とクラウンエーテルなどの金属イオン認識能とを連携させることにより設計できる．特に，多孔質膜の孔内にイオン認識ゲル層を形成させるグラフトフィリング重合によって調製されるイオンゲート膜は，イオンの種類を認識して透過性を変化させる次世代機能膜の良い例である[249]．

その他にも，グルコースと結合して蛍光強度が変化するモノマーからグルコース応答性ゲルビーズが合成され，これを用いて in vivo でマウスの血糖値がモニターされている[250]．また，電界効果トランジスタ（FET）上にグルコース応答性ゲル層を形成させたバイオトランジスタも作製され，新しい血糖値センサーとして期待されている[251]．

6.1.6 その他の刺激応答性ゲル

その他の刺激としては，磁場や超音波などに応答するゲルも報告されている．PVA ゲルや PDMS エラストマーにマグネタイト（Fe_3O_4）を均一分散させることにより，磁場に応答して屈曲する磁場応答性ゲルが調製されている[252,253]．ゲル合成時に磁場印加すると Fe_3O_4 の配列を制御でき，ゲルの弾性率に異方性を付与することも可能である．また，磁性微粒子を分散させたゲルやエラストマーは，磁場の有無によって弾性率が変化する．例えば，カルボニル鉄を分散させたカラギーナンゲルに矩形波磁場を与えると，それに応答して貯蔵弾性率と損失弾性率が共にパルス的に変化する[254]．このような粘弾性挙動が磁場によって大きく変化する理由として，磁場により磁性微粒子が配向し，微粒子間距離が変化するためと考えられている．

外部刺激として超音波に応答して分子構造が変化し，その結果として分子集合能が変化してゾル-ゲル相転移するユニークな超音波応答性の分子集合挙動も観察されている．例えば，trans-ビス(サリチルアルジミナイト)パラジウム (II) による配位面をペンタメチレン鎖で結合させた anti-配座の二核錯体をアセトンや酢酸エチルなどの有機溶媒に溶解させた透明の溶液に，超音波を数秒間照射すると瞬時にゲル化する[255]．同様の分子構造を有する白金二核錯体でも超音波照射により

各種有機溶媒をゲル化でき，溶液状態では UV に対して発光しないが，ゲル化するとリン光発光するユニークな現象も見出されている[256].

6.2 分離機能

ゲルは高分子網目の隙間に多量の溶媒を含んでおり，物質が外部と内部を自由に出入りできる開放系である．ゲルからの溶質の放出が DDS 応用と関連しているのに対し，外界からゲル内部や表面への溶質の吸着は物質分離に応用されている．例えば，液体クロマトグラフィーのカラムとしてデキストランゲルやシリカゲルなどが用いられている．その分離の原理は，固定相としてのゲルと分離対象物との相互作用や固定相の多孔質構造へのサイズによる拡散の差異に基づいている．前者は分配クロマトグラフィーやイオン交換クロマトグラフィー，アフィニティークロマトグラフィーが挙げられ，後者はサイズ排除クロマトグラフィーなどが知られている．

上記のようなゲルの物理的および化学的な性質に基づく物質分離はすでに実用化されている技術である．このような分離技術に対して刺激応答性ゲルの利用が試みられている．例えば，温度応答性を示す PNIPAAm をシリカ粒子表面にグラフトすることにより温度応答性カラムが開発されている（図 6.21）[257,258]．このカラム表面は，PNIPAAm の LCST 以下の温度で親水性を示すが，LCST 以上になると疎水性に変化する．タンパク質や糖類，ホルモンなどの生体分子の分離がこの温度応答性カラムを用いて試みられ，温度変化によってその分離機能を制御できることが報告されている．例えば，ホルモン化合物の混合物を温度応答性カラムに通すと，温度によってカラム表面の親水性／疎水性が変化してホルモン化合物との相互作用も変化して分離能が変わる．さらに，分離の途中で温度変化させることにより，ブロードな溶出曲線がシャープになり，分離特性が著しく向上することも示されている．

刺激応答性ゲルを利用した物質分離としては，その他に PNIPAAm ゲルの温度応答性の親水性／疎水性変化を利用した疎水性化合物の吸着濃縮システムが提案されている（図 6.22）[259]．LCST 以上の温度で水中に PNIPAAm ゲルを浸漬すると，ゲルが疎水化して水中に溶解し

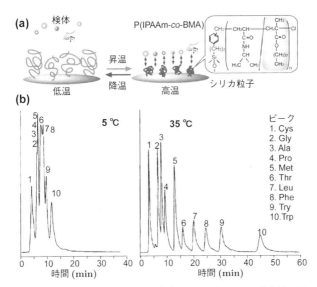

図 6.21 温度応答性 PNIPAAm 修飾カラムによるアミノ酸分離の例.
出典:K. Nagase and T. Okano: *J. Mater. Chem. B*, **4**, 6381 (2016).

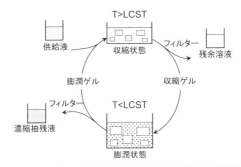

図 6.22 PNIPAAm ゲルの親水性／疎水性変化を利用した物質濃縮システム.
出典:K.L. Wang, J.H. Burban and E.L. Cussler: *Adv. Polym. Sci.*, **110**, 67 (1993).

ている疎水性化合物が疎水性相互作用によってゲル内に吸着する．疎水性化合物が吸着された PNIPAAm ゲルを濃縮層に移して再び LCST 以下に温度を低下させると，PNIPAAm ゲルが親水性となって膨潤し，

疎水性化合物は脱着して濃縮層に集めることができる．PNIPAAm ゲルは繰り返し使用可能であり，物質濃縮システムとして期待されている．

ゲルのユニークな構造を利用することにより，分離膜としての応用も盛んである．海水の淡水化や下水・浄水処理などの水処理技術の開発はエネルギー・環境の観点から極めて重要な課題である．海水の淡水化に利用される逆浸透膜や浄水・下水処理などに利用される限外ろ過膜・精密ろ過膜などは，広義のゲルとして捉えることができる．さらに，血液透析などに利用されている透析膜では，単純なろ過機能だけではなく，血液適合性なども要求されるため，ゲルの性質が有効に活用されている．

水処理用分離膜の開発では，その分離機能に直接関連する多孔質構造の制御が重要である．一方で，多種多様な溶質を含んでいる海水や排水の分離では，膜表面の汚染（ファウリング）を抑制することが重要な課題である．このような膜表面のファウリング防止に対して表面親水化が効果的である．表面親水化された膜表面はゲル状態となり，海水や排水などに含まれる疎水性分子やタンパク質などの吸着を抑制できる．分離膜の表面改質法としては3.7節で述べた「grafting to」法や「grafting from」法が利用されている．6.6.1項で述べる生体適合性表面と同様に，逆浸透膜や限外ろ過膜，精密ろ過膜などのファウリング抑制にも代表的な親水性高分子である PEG や PMPC，PVA，PVP などの表面グラフトによる親水化が試みられている[260,261]．

セルロースやキトサンなどの多糖類からなる高分子膜は高い親水性にもかかわらず，水には不溶である．そのため，セルロース誘導体膜やキトサン誘導体膜が，パーベーパレーション（浸透気化法；PV法）による水／アルコール混合液から選択的に水を除去する脱水機能に優れた性能を示す．PV法では，膜の供給液側に混合液を入れ，透過側を減圧することによって，混合液中の各成分が膜を透過してくる．その分離機構は，各成分の膜への溶解，膜内での拡散，そして透過側での膜からの脱着に基づいている．例えば，PV法によって共沸組成の96.5%アルコール水溶液を架橋キトサン膜に透過させると，透過液中のアルコール

濃度は 0.1% 以下まで低下でき,その分離係数は 35,000 以上にまで達している[262].

このような親水性高分子膜では,その高い親水性によって水／アルコール混合液から水が選択的に取り込まれ,膜内を優先的に拡散するために高い水選択透過性を示す.しかし,高分子膜の親水性が高すぎると膜の膨潤によって分離性が低下するので,優れた水選択透過膜を開発するためには親水化と共に架橋などによって膨潤を抑制することも必要となる.このような水選択透過膜は,発酵によって得られる低濃度アルコールの分離濃縮に有用であり,石油に変わる燃料としてのアルコールの精製に役立つと期待されている.

さらに,気体である CO_2 の分離にもゲル材料が利用されている.地球温暖化に影響している CO_2 の削減は急務であり,その分離技術の開発も急がれている.CO_2 はアミノ基と相互作用するため,アミノ基を導入した膜やゲルなどは CO_2 を吸収する材料として有望である.例えば,CO_2 の分離用材料を設計するため,NIPAAm と *N*-[3-(ジメチルアミノ) プロピル] メタクリルアミド (DMAPM),MBAA の沈殿重合により三級アミノ基を導入した PNIPAAm ゲル粒子が合成されている.この三級アミノ基導入 PNIPAAm ゲル粒子は,30—75℃ の冷却・昇温のサイクル変化による体積変化に基づいて可逆的に CO_2 を吸着・脱着し,CO_2 分離システムへの応用が期待されている[263].

6.3 分子認識機能

現在,疾病マーカーや環境汚染物質などの標的分子を検出する様々なセンサーが開発されている.一般にセンサーは外界の変化を検知する材料(認識素子)とそのシグナルを情報変換するトランスデューサ(信号変換素子),さらにそれらを連携させるインターフェースから構成されている(図 **6.23**).その認識素子に要求される機能が分子認識であり,ゲルを利用したセンサーシステムの開発も試みられている[264-266].特にゲルは外界から物質や熱などの出入りが可能な開放系の材料であり,疾病マーカーなどの生体分子を検出する診断材料として適している.

6.5 節で述べる酵素固定化ゲルは,酵素の基質特異性を利用して標的

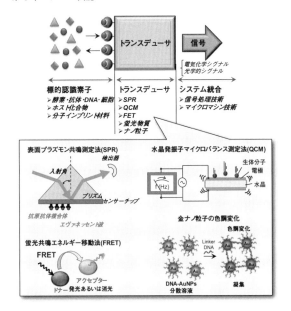

図 6.23 センサーの構成図.

分子を認識し,触媒反応によって情報変換するセンサーとしても利用されている.例えば,酵素であるグルコースオキシダーゼ(GOD)を固定化したゲルと酸素電極を組み合わせることにより,血糖値測定用のグルコースセンサーが構築されている.

同様に,抗体や微生物などをゲルに固定したセンサーも設計されている.さらに,糖鎖結合タンパク質のレクチンや多糖類,ウィルスなどに対するリガンドとして糖鎖を有するグライコポリマーを基板表面や金ナノ粒子表面にグラフトすることにより,様々なセンサーシステムや分離システムなどが開発されている[267].このようにセンサーの認識素子として生体分子を固定化するためにゲルが利用されており,水晶発振子マイクロバランス測定法(QCM)や表面プラズモン共鳴測定法(SPR)などのトランスデューサと複合化させて診断センサーなどが構築されている.

一方で,センサーのS/N比を上げて感度を向上させるために,認識

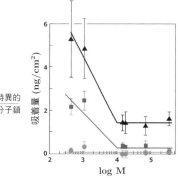

図 6.24 SPR センサーを用いて決定した分子量の異なるタンパク質の PEG 層への吸着挙動. ●：2 種類の PEG 鎖（分子量 5k + 2k）修飾チップ, ■：通常の PEG 鎖（分子量 5k）修飾チップ, ▲：市販のカルボキシ基導入デキストランチップ.

出典：Y. Nagasaki: *Polym. J.*, **43**, 949 (2011).

素子表面への非特異的吸着の抑制が不可欠であり，親水性のゲル層の形成が効果的である．例えば，SPR センサーチップ表面への非特異的吸着を抑制するために PEG や MPC ポリマーからなるゲル層が形成されている．「grafting to」法により SPR センサーチップ表面に PEG 鎖を結合させると，その鎖長がタンパク質吸着の抑制に強く影響し，リガンドである抗体に対して鎖長の異なる PEG 鎖を密に導入することにより非特異的吸着を抑制できることが示されている（図 **6.24**）[268]．また，生体適合性の良好な MPC と疎水性の BMA との共重合体は，単純な方法でセンサーチップやマイクロ流路の表面にコーティングでき，生体分子や細胞の吸着を著しく抑制できる[91,96,269]．

一方，酵素や抗体などの生体分子の分子認識能を利用せずに，ゲルネットワーク自身に分子認識能を付与する方法として分子インプリント法（molecular imprinting）が有用である[270,271]．分子インプリント法とは，標的分子を鋳型として用い，それと機能性モノマーとを結合させた状態で架橋剤を用いてネットワーク形成させた後，鋳型分子を除去することにより分子認識部位を形成する"分子鋳型法"である（図 **6.25**）．

一般に標的分子と機能性モノマーとの相互作用としてはイオン結合

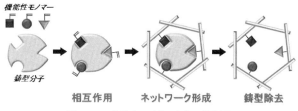

図 6.25　分子インプリント法の概念図．

や水素結合などの非共有結合が利用されている．そのため，機能性モノマーとしてはカルボキシ基やアミノ基，ヒドロキシ基などの官能基を有するモノマーが用いられ，そのリガンドを固定化するために多量の架橋剤と反応させて分子インプリントポリマー（molecularly imprinted polymer; MIP）が調製されている．

標的分子に対するリガンドとしてシクロデキストリン（CD）などのホスト化合物を利用した分子インプリント法も提案されている[272]．例えば，標的分子のコレステロールを鋳型として用いてCDと包接錯体を形成させた後，架橋剤であるトルエン2,4-ジイソシアナート（TDI）あるいはヘキサメチレンジイソシアネート（HMDI）と反応させてネットワーク形成し，アセトン，THF，エタノールで鋳型コレステロールを除去することによって分子インプリントCDポリマーが形成されている[273]．得られた分子インプリントCDポリマーはコレステロールを認識して効率よく吸着した．

さらに標的分子として血圧上昇に関与するオリゴペプチド（アンギオテンシン類：AI）を鋳型としたAIインプリントCDポリマーも合成され，高分子カラムとしての利用が試みられた[274]．その結果，AIインプリントCDポリマーはAIのアミノ酸配列の1箇所の差を明確に認識し，その保持時間に大きな差が認められた．

最近では，エステル結合などによって標的分子と共有結合させた機能性モノマーを合成し，それを架橋剤と共重合した後に加水分解して鋳型分子を除去することにより認識部位を形成させる方法も報告されている．また，標的分子としてアミノ酸などの低分子だけでなく，タンパク質などの生体高分子も取り上げられており，人工抗体としての応用も期

待されている[270].

　さらに，分子インプリント法に利用するリガンドに予め修飾可能部位を導入しておき，MIP に機能付与を行えるようにしたインプリンティング後修飾（post-imprinting modification; PIM）も提案された[275]．例えば，MIP のネットワーク内に蛍光発光部位などを導入し，標的分子が認識サイトに結合されると蛍光発光特性が変化するような分子認識能と信号変換機能とを併せもった MIP が設計されている．さらに，従来の分子インプリント法ではリガンドを固定するために多量の架橋剤が用いられてきたが，少ない架橋剤量で合成した膨潤ゲルに対しても分子インプリント法が適用され，標的分子に応答して収縮する分子応答性ゲルも設計されている[232-234]（6.1.5 項参照）．

　上記のような分子認識能を刺激応答性ゲルに付与させると，外部刺激によって分子認識能を制御することが可能になる．多価イオンに対するリガンドモノマーとして正電荷をもつ MAPTAC と NIPAAm との共重合体ゲルは，分子中に 3 または 4 個のスルホン酸基を有する蛍光物質（pyranine-3, pyranine-4）を吸着し，その吸着量は MAPTAC 含有量と共に増加した[276]．興味深いことにこの共重合体ゲルでは，低温の膨潤状態に比較して高温の収縮状態の方が MAPTAC あたりの吸着量は著しく増加し，蛍光物質に対する親和性も LCST 以上で急激に大きくなった（図 **6.26**）．さらに，ゲル内では高分子鎖のコンフォメーションにフラストレーションが存在し，分子インプリント法によってそのフラストレーションを最小にできることが示されている[277]．

　分子インプリント法を利用して，コンフォメーション変化するポリペプチドゲル内に分子認識部位が形成された[278]．このゲルに対する標的分子の吸着特性は，pH によって大きく変化した．これは，pH 変化によりポリペプチド鎖がランダムコイルから α-ヘリックスにコンフォメーション変化し，分子認識部位の構造変化によって結合力が変化するためと考えられた（図 **6.27**）．このような動的分子認識部位を有するポリペプチドゲルにモデル薬物を含有させると，外部刺激がない場合には薬物の漏れを抑制でき，外部刺激によって結合力が低下すると速やかに薬物を放出することが可能である．

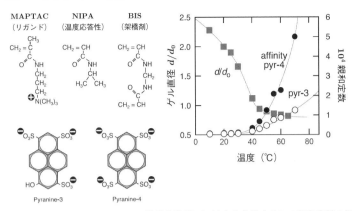

図 6.26 MAPTAC-NIPAAm 共重合体ゲルに対する多価イオンの親和定数の温度依存性.

出典：T. Oya, T. Enoki, A.Y. Grosberg, S. Masamune, T. Sakiyama, Y. Takeoka, K. Tanaka, G. Wang, Y. Yilmaz, M.S. Feld, R. Dasari and T. Tanaka: *Science*, **286**, 1543 (1999).

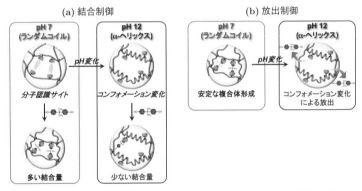

図 6.27 分子インプリントポリペプチドゲルのコンフォメーション変化を利用した標的分子の結合と放出の制御.

出典：K. Matsumoto, A. Kawamura and T. Miyata: *Macromolecules*, **50**, 2136 (2017).

分子インプリント法の鋳型として細胞接着タンパク質のフィブロネクチン（FN）を，そのリガンドとして界面活性剤を用い，タンパク質の非特異的吸着を抑制できるMPCと光反応性モノマーとの共重合体（PMPAz）からなるFNインプリントゲル表面が調製されている．このFNインプリントゲル表面にはFNが優先的に吸着するため，細胞培養に用いると培地から吸着したFNを介して効率的に細胞を接着することができる[279]．

上記のようにゲルに分子認識部位を形成させて外部刺激によって認識制御するだけではなく，抗体などの生体分子に刺激応答性高分子を直接結合させ，そのコンフォメーション変化により結合を制御するバイオコンジュゲートについても報告されている[280,281]．例えば，ストレプトアビジンの結合サイトから少し離れた特定の位置に温度応答性高分子のPNIPAAmやポリ（N,N-ジエチルアクリルアミド）を結合させたコンジュゲートは，温度変化による高分子鎖のコイル—グロビュール転移によって結合サイトがシールドされるために，ビオチンに対する結合能が大きく変化し，その分子認識を温度制御することが可能である[282,283]．

最近，上記のような分子認識ではなく，マクロな材料の認識挙動も見出されている．例えば，ホストであるα-CDやβ-CDを導入したPAAmゲルが，ゲストであるアダマンチル基やn-ブチル基，t-ブチル基を導入したPAAmゲルと接触させると，それぞれのホスト–ゲストの組み合わせに応じて互いのゲルを認識して接着するマクロな材料認識が観察された（図 **6.28**）[284]．

6.4　光制御機能

ゲルの刺激応答性は情報変換機能として捉えることもできる．温度などの外部刺激を入力シグナルとすると，膨潤収縮などのマクロ構造変化は出力シグナルであり，ゲルの刺激応答性が入力シグナルと出力シグナルを連結している．そこで，刺激応答性ゲルを用いた様々な情報変換システムの構築が試みられ，光を制御するゲルシステムも報告されている．

PAAmゲル表面にNIPAAm溶液を塗布し，フォトマスクを通して

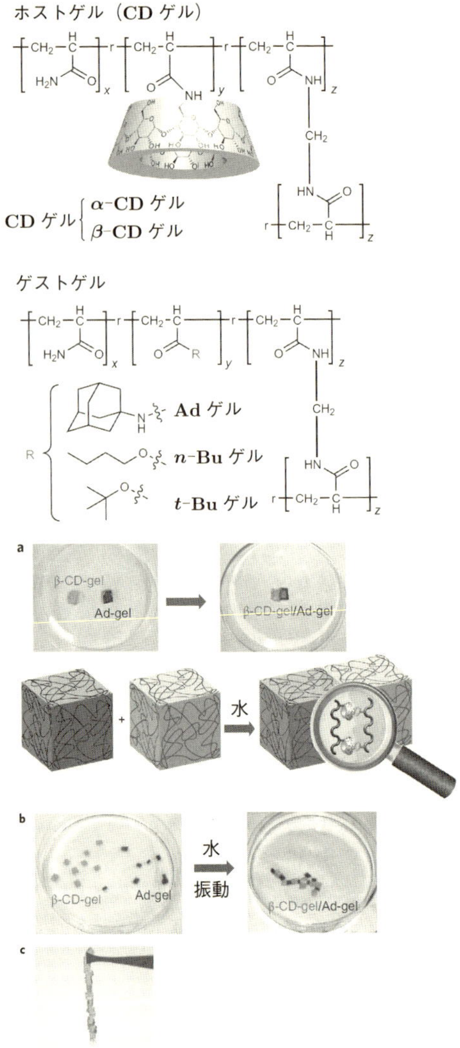

図 **6.28** CD の認識挙動を利用した分子認識ゲルの材料認識接着挙動.

出典:A. Harada, R. Kobayashi, Y. Takashima, A. Hashidzume and H. Yamaguchi: *Nat. Chem.*, **3**, 34 (2011).

NIPAAmを光重合すると,光照射部分のみPNIPAAmとPAAmのIPNが形成される[285].室温ではPNIPAAmがPAAmゲルと同じように膨潤するために透明であるが,LCST以上の37℃になるとPNIPAAm鎖が凝集して白濁し,PAAmゲル表面にフォトマスクの模様が浮き出てくる.このような刺激応答性表面パターニング技術は表示素子やセンサー技術への応用が期待できる.

刺激応答性ゲル内に高濃度の顔料を分散させることにより,温度で光の透過量を制御できる調光材料も調製されている[286].まず,20 wt%の濃度で顔料を分散させたPNIPAAmゲル粒子が逆相懸濁重合(inverse-phase suspension polymerization)によって合成され,単分散ポリスチレンビーズのスペーサーで間隔を調整したガラス板の間にゲル粒子分散液が閉じ込められた.顔料が分散したPNIPAAmゲル粒子の粒径は温度に依存して大きく変わり,光の透過率も変化する.このように体積変化によって顔料の分散・凝集状態を制御することによって調光する機構は,タコなどの皮膚に存在する色素細胞により皮膚の色が変化する機構と類似している.

粒径の揃った粒子を配列させると,その間隔に応じて鮮やかな色が観察できる.このように光の波長以下の微細な構造により生じる光の干渉や回折,散乱の結果として現れる発色は構造色と呼ばれている.代表例としてタマムシやモルフォチョウの鮮やかな色が知られている.このような構造色を人工的に発現させる方法としてコロイド粒子の結晶化が知られている.例えば,荷電コロイド粒子を誘電率の高い溶媒中に分散させ,各粒子の電気二重層の反発力の到達距離が粒子間の平均距離より大きくなるように粒子濃度やイオン濃度,pHを調整すると,粒子は平衡位置に固定されて結晶化する.このとき,Braggの法則とSnellの法則に基づいた次式によってコロイド結晶は特定波長の光を選択的に反射し,粒径が数百nm程度の粒子の場合には可視光を反射して構造色を発現する.

$$\lambda = \frac{2d}{m}\left(n_a^2 - \sin^2\theta\right)^{1/2} \tag{6.1}$$

ここで,λは反射光の波長,dは結晶の格子面間隔,mはBraggの反

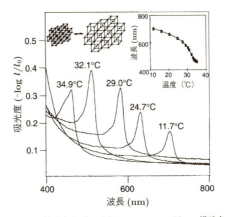

図 6.29 PSt 粒子を配列させた PNIPAAm ゲルの構造色変化.

出典:J.M. Weissman, H.B. Sunkara, A.S. Tse, S.A. Asher: *Science*, **274**, 959 (1996).

射次数,n_a はコロイド結晶の屈折率,θ は光の入射/反射角である.

大きな表面電荷を有するポリスチレン粒子を NIPAAm モノマーの水溶液に分散させ,体心立方格子状のコロイド結晶を形成させた状態で光重合することにより,PSt 粒子コロイド結晶を有する温度応答性 PNIPAAm ゲルが調製された.このゲルは内部のコロイド結晶に基づく構造色を示すが,温度変化によって PNIPAAm ゲルを膨潤収縮させると,PSt 粒子間隔が変化するために回折波長が 704 nm(11.7℃)から 460 nm(34.9℃)に変化した(図 **6.29**)[287].

さらに,分子認識サイトとしてクラウンエーテルを有するモノマー(4-アクリロイルアミノベンゾ-18-クラウン-6)を,表面電荷を有する 100 nm 程度の PSt 粒子コロイド結晶存在下で重合することにより,Pb^{2+} や Ba^{2+},K^+ と複合体形成して構造色が変化する化学センサーも構築されている[288].この系では Pb^{2+} 濃度を 0.1 μM(~20 ppb)から 10 mM(~2,000 ppm)に変化させると単調に回折波長が変化し,20 μM(4 ppm)の $Pb(CH_3COO)_2$ を目視で確認できる.また,分散重合により合成した PNIPAAm ゲル粒子を自己集合させることによって体心立方格子のコロイド結晶が形成された.温度変化によって PNI-

PAAm 粒子の粒径が変化してもコロイド結晶の格子間隔が変化しないために回折波長は変化しなかったが，粒子の散乱断面積が変化するために構造色の強度は大きく変化した[287]．

上記のようなコロイド結晶を鋳型として用いて多孔質なゲルを調製すると，同様に鮮やかな色彩を示す．まず，シリカ粒子のコロイド結晶にNIPAAm と架橋剤を含むモノマー溶液を浸透させた後に重合すると，コロイド結晶が閉じ込められた PNIPAAm ゲルが得られる．このゲルをフッ化水素酸で処理してシリカ粒子を溶かし出すと，ゲル部分と溶媒部分とが周期的に並んだインバースオパール構造をもつポーラスな PNIPAAm ゲルが調製できる．このゲルでは周期構造に基づく構造色が観測され，温度上昇に伴う体積変化に応じて反射スペクトルのピークも低波長にシフトし，温度によって色彩が大きく変化する[289]．同様の方法で，光照射によりシス―トランス異性化を示すアゾベンゼン基をこの多孔構造の PNIPAAm ゲルに導入すると，光に応答して構造色変化する光応答性ゲルも合成できる[290]．

一般のコロイド結晶に基づく構造色は，見る角度によって異なる色が見える．しかし，モルフォチョウなどの自然界で見られる構造色は角度依存性を示さないことが知られている．これは，鱗粉上に刻まれた規則性と不規則性とが共存した不規則な構造で短距離秩序に基づく構造色となっているためである．このように角度依存性のない構造色材料を調製する条件が明らかになってきた．例えば，ゲル微粒子の懸濁液で濃度を変化させると，ある濃度以上で角度依存性が少ない構造色を示すことが見出された[291]．通常のコロイド結晶のような長距離秩序に基づく構造色とは異なり，自然界の構造色のように短距離秩序に基づく構造色発現を実現させた例である．このような角度依存性のない構造色材料は，表示素子やセンサーなどに応用できる．

また，上記のような微粒子を用いずに，ブロック共重合体が形成するラメラ構造を利用したフォトニックゲルも報告されている．例えば，ポリスチレン（PS）と四級化ポリ(2-ビニルピリジン)(QP2VP) とのブロック共重合体（PS-b-QP2VP）から調製したゲルフィルムは，膨潤しないガラス状の PS 層と高分子電解質の QP2VP 層からなるラメラ

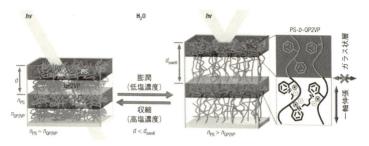

図 6.30 ラメラ構造を有するブロック共重合体の層間距離変化と構造色発現.
出典:Y. Kang, J.J. Walish, T. Gorishnyy and E.L. Thomas: *Nat. Mater.*, **6**, 957 (2007).

構造を形成し,水溶液中で QP2VP 層の膨潤による層間距離と屈折率差の増加によって強い反射率を示す[292].水溶液中の塩化アンモニウム濃度を変化させると,層間距離と屈折率差の変化に伴って,光の吸収スペクトルが大きく変化することが確認された(図 6.30).このようなフォトニックゲルを始めとして様々な構造のフォトニック材料が調製されており,外部刺激によってカラー変化できるディスプレイやセンサーへの応用が期待されている[293].

また,低分子ゲル化剤を用いて液晶をゲル化させると液晶物理ゲルが得られる.この液晶物理ゲルではゲル化剤からなる自己組織化ファイバーと液晶分子とが相分離しており,ゲル化剤のゾル-ゲル相転移温度($T_{\text{sol-gel}}$)と液晶分子の液晶-等方相転移温度($T_{\text{iso-lc}}$)に依存して異なる構造を形成する(図 6.31)[294].このゲルは電場によって光の透過と散乱の状態を ON-OFF 制御できる.

6.5 反応制御機能

酵素は大気圧下,室温といった温和な条件で効率的に反応を触媒する.一般に酵素は高価であるため,反応後に回収して再利用することが望まれる.そこで比較的古くから不溶性の担体に酵素を結合させて,再利用可能にした固定化酵素が研究されてきた.酵素を固定化するための担体としては有機材料や無機材料からなる粒子や膜などが用いられ,物理的あるいは化学的に固定化されている.酵素固定化担体として高分

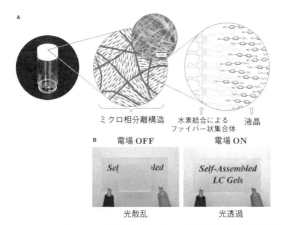

図 6.31 液晶物理ゲルの階層構造と電場に応答した光透過制御挙動.
出典:T. Kato: *Science*, **295**, 2414 (2002).

子ゲルが利用された研究例としては1960年代にPAAmゲル中への酵素固定が発表されて以来,様々なゲルへの酵素固定化が報告されている[295].

酵素固定化方法としては共有結合法や吸着法,包括法などの方法が用いられている.特に親水性のヒドロゲルは酵素の失活を比較的抑制できるため,様々な方法で酵素固定化ゲルが調製されてきた[296-298].担体内に酵素を物理的に内包させる包括法では比較的穏やかな条件で酵素を固定化できるため,酵素の変性などに基づく活性の低下を抑制することができる.しかし,強固に固定化されていないため担体から酵素が脱離しやすく,pHや温度に対する酵素の安定化効果も少ない.

一方,共有結合法では酵素を担体に安定に固定化できるため酵素の脱離を抑制でき,さらにpHや温度などの変化に対しても酵素活性の低下が比較的小さい.しかし,共有結合法では温和な反応条件を選ぶ必要があり,一般的には包括法よりも酵素活性は低下しやすい.

包括法として,アルギン酸ナトリウム水溶液と酵素とを混合した後,塩化カルシウム水溶液に滴下すると,アルギン酸カルシウムゲルに酵素を固定化できる.一方,共有結合法では,N,N'-ジシクロヘキシルカルボジイミド(DCC)などの縮合剤を用いてカルボン酸を有するゲル

と酵素のアミノ基とを反応させてゲル内に共有結合で酵素を固定化できる．最近では，マイクロ流路などの微小環境下に酵素固定化ゲルが形成され，マイクロリアクターへの応用も展開されている[299]．

酵素固定化の利点としては，酵素の有効利用やバイオリアクターとしての連続反応システムの構築，酵素の環境安定化，酵素反応の特異な反応場の提供などが挙げられる．例えば，電荷を有する基質の場合には，反対電荷をもつゲルを担体として利用すると酵素近傍の基質濃度が増加して Michaelis 定数 (K_m) が小さくなり，結果的に反応が促進される場合がある．さらに，刺激応答性ゲル内に酵素を固定化すると，温度などの外部刺激によるゲルの膨潤収縮を利用して酵素反応を制御することも可能である．例えば，ガラクトースからなるグリコシド結合を加水分解する β-ガラクトシダーゼを温度応答性 PNIPAAm ゲルビーズ内に固定化すると，繰り返し温度変化に応答してゲルビーズが可逆的に膨潤収縮し，酵素反応速度を温度制御することが可能になる[300]．

このようなゲル内への酵素固定だけではなく，トリプシンのような酵素に対して PNIPAAm を直接結合すると，LCST 以下では酵素活性を示し，LCST 以上で沈殿凝集させて酵素活性を低下させると共に，均一溶液から変性させることなく酵素を分離回収できる[301]．

生体触媒の酵素だけではなく，通常の有機合成に用いられる一般的な触媒もゲル内に固定化されている[302,303]．例えば，リンタングステン酸と PNIPAAm，色素部位からなる温度応答性ミセル型触媒が設計されている[304]．過酸化水素を用いた 1-フェニル-1-プロパノールの酸化反応において，高温では PNIPAAm に基づく安定なエマルション形成により触媒活性が上昇し，冷却すると触媒が沈殿して容易に回収できる．その他，ペリレンモノイミドを有する両親媒性分子の自己集合によって形成された超分子ゲル内で光触媒による水素発生も実現されている[305]．

さらに，刺激応答性ゲルの外部刺激に応答した構造変化を利用した触媒活性の制御も試みられている．触媒活性を示すイミダゾール基を有するモノマーと NIPAAm との共重合体ゲルは，p-ニトロフェニルエステルの加水分解反応を促進するが，その反応速度はゲル収縮時に顕著

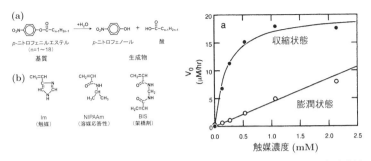

図 6.32 イミダゾール基を導入した温度応答性ゲルの膨潤状態とエステル加水分解の反応速度.

出典:G. Wang, K. Kuroda, T. Enoki, A. Grosberg, S. Masamune, T. Oya, Y. Takeoka and T. Tanaka: *Proc. Natl. Acad. Sci. USA*, **97**, 9861 (2000).

に大きくなることが報告されている(図 **6.32**)[306]. 収縮時の反応速度は Michaelis-Menten 型の酵素類似の反応機構を示し,PNIPAAm の疎水性環境への基質の吸着が触媒活性の増加に影響している.

6.6 生体制御機能

6.6.1 生体適合性

一般にヒドロゲルは生体適合性が良好であるといわれる.たしかに,生体そのものがゲルであるため,通常の材料に比較してゲルは良好な生体適合性を示すことが多い.しかし,ゲルを形成している高分子網目によっては生体に対して負に作用することも多いので,ゲルが一概に生体適合性が良いというのは必ずしも正しくない.また,生体適合性が良いという意味も相反する現象を示す場合がある.例えば,人工心臓などでは血液と材料が接触した際の血栓形成が大きな問題になるので,このような場合の生体適合性材料は血栓形成を誘起しない生体に対して不活性な材料を示している.

一方,人工血管で偽内膜を形成させるタイプの場合には,材料表面に速やかに細胞が接着して偽内膜を形成することが要求される.また再生医療の場合には材料表面で細胞培養して組織を形成させる必要があり,この場合の生体適合性は材料表面に細胞が十分に接着し,さらに組織形

成へと誘導できるように,抗血栓性材料とは逆に生体に対して何らかのポジティブな作用を示すことが要求される.

また,上記のように主に化学的あるいは生物学的な適合性だけではなく,硬さのように材料の力学特性も骨などの硬い部分から臓器などの柔らかい部分まで,部位によって要求される物理的な適合性が異なっている.ここでは,タンパク質が吸着しにくい材料や血栓形成を誘発しない抗血栓性という意味での生体適合性を中心に述べる.

一般に,高分子材料が血液と接触すると血液凝固反応によって材料表面に血栓が形成される.これまで様々なアプローチによって抗血栓性材料の開発が試みられてきたが,そのいくつかはヒドロゲルを基盤とした材料設計に基づいている[307].比較的生体適合性が良好であるといわれているヒドロゲルでさえ生体にとっては異物である.そのため,ヒドロゲルでも生体内ではタンパク質を吸着させ,血液と接触すると血栓を形成する.したがって,抗血栓性という観点からもヒドロゲルが必ずしも生体適合性が良いわけではない.

一方,PVA や PEG は人体に対する毒性が低いため,医療材料として広く利用されており,その多くはヒドロゲル状態である.さらに,生体膜を形成するリン脂質を模倣した MPC ポリマーからなるゲルは生体から異物認識されにくく,血液と接触しても血栓を形成しにくいため優れた生体適合性を有している[91,96].特に,高分子材料の抗血栓性は,含水状態での材料内に存在している中間水が強く関係していることが示されている(4.7 節参照).

分子認識素子からなるセンサーを開発する際には,その標的分子に対する高い認識能が重要である.一方,その他の分子の非特異的な吸着によって生じるノイズを低下させ,S/N 比を向上させることが要求される.そのため,センサーチップを作製する際には,表面に抗体などのリガンドを結合させると共に,非特異的吸着を抑制するために親水性高分子による表面改質も行われる(3.7 節,5.4 節,6.3 節参照).

6.6.2 薬物放出

ドラッグデリバリーシステム(drug delivery system; DDS)とは,

6.6 生体制御機能

標的部位への最大限の薬剤効果と非標的部位への副作用の低減を実現するために，薬物を必要な場所に，必要な量，必要な時間だけ輸送するシステムである．具体的な DDS の目的としては，継続的に薬物を作用させるための「①徐放性や 0 次放出」，薬物の薬理活性を維持した状態で標的部位に送達するための「②薬物の安定化と血中滞留時間の延長」，生体バリアの通過促進による「③薬物の吸収制御」，そして標的部位にのみ薬物を送達させる「④標的部位への指向化」が挙げられる．このように時間的および空間的に薬物送達を制御するコントロールドリリースやターゲティングを実現するために，リポソームや高分子ミセル，ナノゲルなどの様々な薬物キャリアが設計されてきた．

ゲルは開放系の材料であり，網目サイズなどによって薬物の拡散性を変化できることから，持続型薬物放出（徐放性，0 次放出）や刺激応答型薬物放出（ON-OFF 制御），自律制御型薬物放出などの薬物放出の時間的制御を実現するための薬物キャリアや薬物リザーバーとして期待されている．

さらに標的部位に薬物を送達させるターゲティングのような薬物放出の空間的制御にもゲルは有用である．例えば，ナノゲルなどのサイズに基づく EPR 効果（enhancement permeability and retension effect）を利用した受動的ターゲティングや標的部位に存在する特定分子に対する特異的リガンドを利用した能動的ターゲティングも積極的に研究されている．ここでは，持続型薬物放出（徐放性，0 次放出）と刺激応答型薬物放出（ON-OFF 制御）を実現するための方法について，ゲル設計の観点から述べる．

濃度勾配に基づく薬物放出は基本的に Fick の法則に基づいて記述できる（2.5 節参照）．そのため，長期間にわたる持続型薬物放出を実現するためのアプローチとして，ゲル中での薬物の拡散係数を制御する方法がある．単純に徐放性を向上させるためには，膨潤度の低下や架橋密度の増加によって網目構造を密にすればよいことが式 (2.30) や式 (2.34) からわかる．これらはゲルの物理的構造の制御により拡散係数を低下させる方法である．例えば，インジェクタブルゲルを用いた薬物放出では，薬物を含有させたゾル状態で注射により体内に注入すると，

体温付近でゲル状態へと変化して薬物の拡散が抑制される結果,薬物徐放が可能となる（6.1.2 項参照）[173-176]．

また薬物徐放にはゲルの化学的構造の設計も有用である．例えば，薬物と相互作用するリガンドをゲル内に導入すると，ゲルからの薬物の放出を抑制することができる．さらに，薬物とリガンドとを効果的に相互作用させるために，分子インプリント法によりゲル内でリガンドを最適に配置することも試みられている．例えば，ソフトコンタクトレンズからの薬物徐放を実現するために，緑内障治療薬のチモロールをゲスト薬物とし，そのリガンドモノマーとしてメタクリル酸（MAAc）を用いた分子インプリント法によりチモロールインプリントゲルが合成された[308]．分子インプリント法を利用すると，より多くのチモロールをゲルに内包でき，ゲルからの放出も抑制して徐放化が可能であった．その他にも分子インプリント法によって分子認識部位を導入したポリペプチドゲルに含有させた標的分子がペプチド鎖のコンフォメーション変化によって放出を制御できることも報告されている[278]．

一方,0次放出の実現はより困難である．Fick の法則に従う限り,ゲルからの薬物放出は式 (2.24) で表されるように放出初期には時間の $1/2$ 乗に比例することになり,式 (2.26) で $n=1$ のときのように時間に比例する 0 次放出は不可能である．したがって,0 次放出を実現するためには,拡散係数を経時的に変化させる必要がある．例えば,メチルメタクリレート（MMA）と N,N-ジメチルアミノエチルメタクリレート（DMA）との共重合体ゲルを乾燥させてから緩衝液に浸漬すると,その吸水過程の後期において吸水速度が急激に増加する Case II 輸送が見出されている（2.5.1 項参照）[159]．これは,膨潤過程でゲル表面の膨潤層と内部のガラス状コアとの境界が明確に存在し,その膨潤面が内部に進行して拡散係数が経時的に変化するためである．この挙動を薬物放出に利用すると,時間依存を示さない 0 次放出に近づけることができる[309]．同様の現象はフェニルボロン酸と NIPAAm との共重合体ゲルがグルコース応答性を示して膨潤する際にも観察されている[310]．

このように時間の経過に伴って拡散係数が変化するようにゲルを設計すると,薬物の 0 次放出を実現できる可能性がある．拡散係数を変化

させる方法としては，ゲルの膨潤過程の利用のほかに，ゲル網目の経時的な分解による拡散係数の増加も有用である．

また，持続型薬物放出を実現するためには「薬物の安定化と血中滞留時間の延長」も不可欠であり，生体によって異物認識されて分解または体内から排除されないような機能（ステルス性）を薬物キャリアに付与する必要がある．一般に，粒子はサイズが $10\,\mu m$ 以上なら物理的な塞栓により肺に，$10\,\mu m$ 以下になると肝臓に分布するようになり，$0.2\sim 4\,\mu m$ 程度になると細網内皮系（reticuloendothelial system; RES）組織によってほとんどが肝臓に分布するようになる．

粒子サイズが $0.2\,\mu m$ 以下になると，疎水性表面の粒子は肝臓に分布するのに対して，親水性の粒子は比較的血中寿命が長くなる．したがって，薬物の安定性と血中滞留時間を延長させるために，ゲル粒子表面の親水化，特に PEG 修飾などが用いられている．例えば，重合性官能基とカルボキシ基などの反応性官能基を末端に有するヘテロ二官能性 PEG マクロモノマーと疎水性の N,N-ジエチルアミノエチルメタクリレート（EAMA），架橋剤としてエチレングリコールジメタクリレートを用いたソープフリー乳化重合によってコア—シェル型 PEG 化ナノゲルが合成されている[84]．このナノゲルはアミノ基を有するため pH 応答性薬物放出にも利用されている．

次に，刺激応答型薬物放出（ON-OFF 制御）を実現するためには，刺激応答性ゲルの利用が有望である．ゲルからの薬物放出はその網目構造に依存するため，刺激応答性ゲルの膨潤収縮挙動により薬物放出の ON-OFF 制御が可能となる．例えば，pH 応答性を示すコア—シェル型 PEG 化ナノゲルは抗がん剤アドリアマイシンの薬物キャリアとして検討された[311]．このナノゲルは生理条件（pH 7.4）ではコアの EAMA が疎水性であるために，疎水性のアドリアマイシンを効率よく内包できる．しかし，pH が EAMA の pKa 7.0 よりも低下すると，アミノ基のプロトン化によってナノゲルが膨潤し，内包したアドリアマイシンを効率よく放出する．

また，温度応答性ゲルである PNIPAAm ゲルからの薬物放出も検討されている[312]．しかし，PNIPAAm は低温膨潤—高温収縮型の温度

応答性ゲルであるため，通常は低温状態で薬物放出がON状態，温度上昇に伴って薬物放出がOFF状態となる．そこで，低温収縮—高温膨潤型の温度応答性ゲルが，アクリルアミド（AAm）とブチルメタクリレートとの共重合体の第1次網目とアクリル酸（AAc）からなる第2次網目からなるIPN形成によって合成された[166]．このゲルはAAmとAAcの水素結合が温度上昇と共に解離するために膨潤し，それに伴って薬物放出を促進することができる．

薬物放出制御のための刺激としてはpHや温度を中心として研究展開されてきたが，電場応答性ゲルを利用したDDSも報告されている[313]．その他にも糖尿病患者の治療用デバイスとしてのグルコース応答性ゲルからインスリン放出や標的抗原に応答した薬物放出制御，その他の生体分子応答性ゲルを用いた薬物放出も報告されている（6.1.5項参照）[217,219]．

薬物とゲルネットワークとの相互作用のpH依存性などを利用することによっても薬物放出のON-OFF制御が可能である．例えば，正電荷を有するリゾチームは負電荷を有するリン酸基含有高分子ゲル内にイオン結合によって効率よく内包できる．しかし，pHが低下するとイオン結合が弱くなり，結果的にpHに応答してリゾチームが効率よくゲルから放出される[314,315]．

6.6.3　細胞制御

ヒドロゲルはその化学的および物理的性質から細胞との相性もよく，細胞培養や細胞制御のための材料としても活発に研究されている．例えば，インスリンを分泌する膵ランゲルハンス島（膵島）をアガロースゲルに包括固定化したハイブリッド型人工膵臓が報告されている（図**6.33**）[316]．このハイブリッド型人工膵臓では膵島が半透膜内に包括固定化されているため，患者の生体防御系（免疫系等）から隔離された状態で機能することができる．このハイブリッド型人工膵臓を利用すると糖尿病マウスの血糖値は長期間にわたって正常化された．

再生医療において生体組織や臓器の再生を誘導するために，細胞の増殖や分化の制御が重要であり，それを支える技術が生体組織工学であ

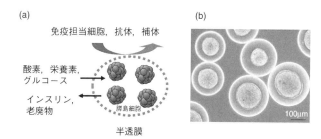

図 6.33 ランゲルハンス島を包括固定化したアガロースゲルの構造とインスリン分泌挙動.

出典:N.M. Luan, Y. Teramura and H. Iwata: *Biomaterials*, **31**, 8847 (2010).

る.生体組織を再生誘導するための重要な材料が細胞の足場であり,ポリ乳酸やポリグリコール酸などの生分解性を示す合成高分子,コラーゲンやゼラチンなどのタンパク質,ヒアルロン酸やアルギン酸などの多糖類のような生体吸収性の天然高分子からなるゲルが利用されている.例えば,ゼラチンゲルに様々な細胞増殖因子(骨形成因子(BMP)-2,塩基性線維芽細胞増殖因子(bFGF),インスリン様増殖因子(IGF)-1,肝細胞増殖因子(HGF))を内包させ,生体内で徐放することにより,組織再生を誘導できることが示されている[317].

ゲルの刺激応答性を利用した細胞制御の成功例として,温度応答性PNIPAAmゲル層を利用した細胞シート工学がよく知られている.培養皿表面にPNIPAAmゲル層を形成させると,温度変化によって親水性/疎水性を顕著に変化させることができる[318].この温度応答性培養皿を用いて細胞培養すると37℃で細胞が接着してシート状に増殖する.これをLCST以下の20℃に変化させると細胞の構造や機能を損なうことなく細胞シートが得られる(図 **6.34**)[156].

このようにして得られた細胞シートを重ねることにより,立体組織を構築することも可能である[319].最近では,細胞シート内に血管網を形成しながら積層化することも可能になり,より厚い立体的な組織を細胞シートから構築できるようになってきた[320].このような細胞シート工学を利用し,すでに心臓や角膜,食道などの様々な部位で細胞シートを

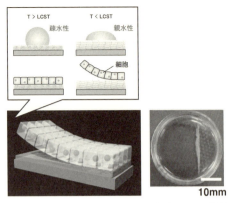

図 6.34 温度応答性培養皿を用いた細胞シートの作製.

出典：N. Matsuda, T. Shimizu, M. Yamato and T. Okano: *Adv. Mater.*, **19**, 3089 (2007).

移植した再生治療が国内外で試みられている．

MPC とビニルフェニルボロン酸，ブチルメタクリレートの共重合により，フェニルボロン酸基を有するリン脂質ポリマー（PMBV）が合成され，その水溶液と PVA 溶液とを混合するとフェニルボロン酸基と PVA のヒドロキシ基との複合体形成により瞬時にゲル化することが示された[321,322]．この PMBV 溶液に線維芽細胞を分散させて PVA 溶液と混合すると，ゲル内部に細胞を容易に固定化できる．このとき，PMBV/PVA ゲルの貯蔵弾性率によって細胞の増殖傾向が異なり，さらに細胞周期にまで影響していることが示唆された．

細胞の 3D 足場材料として，光反応を利用して空間的な細胞の成長や移動を制御するためのゲルも提案されている．例えば，クリック反応部位と光応答性部位，酵素分解ペプチド配列を併せもつ高分子を，末端アジド基を有する 4 分岐 PEG と混合すると，クリック反応により速やかにゲルが形成する[323]．チオール―エンクリック反応を利用してこのゲルの光照射部分のみにチオール基導入 RGD ペプチドを結合させることができ，ゲル内にマイクロスケールの 3D パターンを形成できる．このゲル内に線維芽細胞を封入しておくと，RGD パターンに基づいた細胞伸展が確認される．また，光分解可能なニトロベンジルエーテル誘

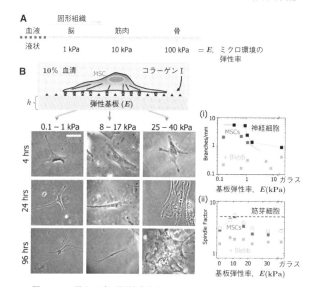

図 6.35 異なる表面弾性率を有するゲル上での細胞分化挙動.

出典：A.J. Engler, S. Sen, H.L. Sweeney and D.E. Discher: *Cell*, **126**, 677 (2006).

導体を導入した PEG ゲルが合成され，光照射により空間チャンネルの 2D および 3D パターンが形成された[324]．このゲル内に細胞を封入すると，光照射により形成されたチャンネルに沿って細胞の遊走を制御できる．さらに，ゲル内の特定の領域に異なる細胞成長因子を固定化させる方法が提案され，細胞分化誘導を空間的に制御できる可能性が示された[325,326]．

細胞は外部や内部からの様々な物理刺激を受けながら増殖や分化するため，最近ではメカニカルな刺激に対する細胞応答機構を解明しようとするメカノバイオロジーが注目されている[327-329]．例えば，細胞が接着する基板の硬さ（弾性率）と細胞の分化挙動との関係が検討され，間葉系幹細胞（MSC）が柔らかい表面（1 kPa 以下）ではニューロン細胞と脂肪細胞へ，中間的な硬さの表面（8〜17 kPa）では筋芽細胞へ，そして硬い表面（25 kPa 以上）では骨芽細胞へ分化することが報告されている（図 **6.35**）[330]．

さらに筋肉組織と類似の粘弾性（12 kPa）をもつ PEG ゲルは骨格筋組織幹細胞の自己複製を促進することも示されている[331]．MSC の系統決定に対する基板の弾性率の影響は，培養期間の長さに応じて分化成熟度が変化し，細胞が経験した基板弾性率の履歴を記憶しているかのような挙動を示すことも明らかにされた[332]．このように自己複製能をもち，脂肪や骨などへの分化能を有する MSC は，がん化リスクが低いことから，再生医療の臨床応用に最も近い細胞医薬品資源としてゲルによる細胞運命の制御が注目されている．

ゲル表面の弾性率に傾斜やパターンをつけると細胞の運動挙動を制御できることもわかってきた[333]．最近では，このような弾性率だけではなく，応力緩和に注目した細胞応答の研究も見られる[334]．さらに，ポリロタキサンからなる超分子ポリマー表面のモビリティーが幹細胞分化へのシグナル経路に影響することも示された[335]．生体に見られる構造を模倣することにより積極的に細胞を制御しようとする研究も盛んになり，硬さを変化できる幹細胞ニッチとして刺激応答性ゲルが利用され，その硬さが 3D 環境下での細胞分化などの細胞運命を支配する重要な因子であることも報告されている[336,337]．このようにメカノバイオロジーの研究において，細胞にメカニカル刺激を与えるツールとして様々なゲルが設計されるようになってきた．

6.7　電気化学機能

リチウムイオン電池などの二次電池では，可燃性の有機溶媒が電解液として利用されている．このような電解液の場合には，液漏れや内部の蒸気圧の上昇による破裂，さらには高い酸化性の正極との反応による発熱や発火などの危険性を含んでいる．そこで，安全面などの問題と共に小型化や高エネルギー密度化などの観点から電解液の代わりに高分子固体電解質を用いて電池を全固体化する試みが行われてきた．このような高分子固体電解質はポリエチレンオキシド（PEO）誘導体などの高分子と電解質塩からなり，完全にドライな高分子電解質である．この場合にはイオン性塩を溶解し，かつイオンの移動を行うような高分子に限られ，一般的には PEO 系高分子が利用されている．

6.7 電気化学機能

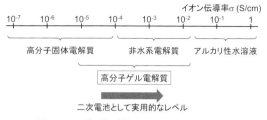

図 6.36 電解質の種類とイオン伝導度の関係.

一方で,高分子ゲル電解質は,高分子に非水系電解質を溶媒として含有させたゲル状物質であり,ゲル内の電解液中をイオンが移動できる.高分子ゲル電解質では,ゲル状態を保っているために従来の電解液単独で用いる場合に比較して飛躍的に安全性は向上する.その反面,電解液単独の場合に比較してイオン伝導率が低くなるため,高いイオン伝導率を保持するために,高分子と電解液との組み合わせとそのゲル構造が検討されてきた.電解質の種類とイオン伝導度との関係を図 6.36 に示す.

高分子ゲル電解質としては物理架橋型と化学架橋型の高分子があり,PEOだけではなく,ポリアクリロニトリルやポリメチルメタクリレート,ポリビニルピロリドン,ポリフッ化ビニリデン(PVDF),PVDFとヘキサフルオロプロピレンとの共重合体(PVDF-HFP)などが利用されてきた[338].

最近,高いキャリア密度と大きな移動度を両立させるため,高分子とイオン液体とからなるイオンゲルが高分子ゲル電解質として注目されている.イオン液体は揮発性も可燃性もなく,化学的に安定で,取り扱いが容易であり,安全性も高いという長所をもつため,イオンゲルは従来の高分子ゲル電解質よりも優れた性能を発揮することが期待されている.

イオン液体を有する高分子ゲル電解質の調製法としては,イオン液体中でモノマーを in situ 重合する方法や温度応答性高分子によりイオン液体をゾル–ゲル相転移する方法,イオン液体中でブロック共重合体を自己集合させる方法などが用いられている.例えば,溶媒としてイオン

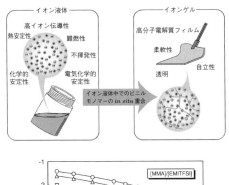

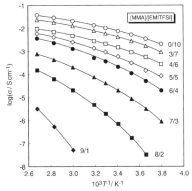

図 6.37 イオン液体中での MMA の in situ 重合とそのイオンゲルのイオン伝導率の温度依存性.

出典:M.A. Susan, T. Kaneko, A. Noda and M. Watanabe: *J. Am. Chem. Soc.*, **127**, 4976 (2005)

液体(EMITFSI)を用いた MMA の in situ 重合により得られるイオンゲルは,室温で 10^{-2} Scm^{-1} 近くの高いイオン伝導率を示した(図 **6.37**)[339]. このようにイオン液体を溶媒とする高分子溶液およびゲルは高分子ゲル電解質や電気化学デバイスなどへの応用が期待され,基礎と応用の両面から研究が展開されている[340].

また,イミダゾリウム系イオン液体にシングルウォールカーボンナノチューブ(SWNTs)を混合して磨りつぶすと,カーボンネットワークからなる物理ゲル(バッキーゲル)が得られる[192,341]. このバッキーゲルの高い電気伝導性と柔軟性を利用することにより,伸び縮み可能な

電気回路も作製されている[342]. さらに, バッキーゲルを利用した伸縮自在の電気回路を使って有機 EL も作製され, 曲がるディスプレイとしての応用が期待されている[343]. その他にも高分子電解質膜の燃料電池応用なども精力的に研究されているが, 詳細は文献[344]を参照されたい.

6.8 形状記憶機能

形状記憶材料は, ある刺激により特定の形状から別の形状へと変化することができる. このような形状記憶材料は形状記憶合金を中心に実用化されており, 最近では形状記憶高分子も精力的に研究されている. 特に, 側鎖ドメインの結晶化を利用した形状記憶ゲル[345]が発表された後, ゲルやエラストマー等の形状記憶材料が新しい医用材料として注目されている[346,347].

温度による結晶化・融解を利用した一般的な形状記憶高分子の形状記憶機構を図 **6.38** に示す. 例えば, スイッチセグメントとしてオリゴ(ε-カプロラクトン)ジオール, ハードセグメントとしてより融点の高いオリゴ(p-ジオキサノン)ジオールからなるマルチブロック共重合体が合成された[348]. この共重合体は結晶化により一時的に形状を記憶できるが, 温度変化によって初期形状に戻るため, 生分解性の形状記憶縫合糸として *in vivo* 試験が行われた (図 **6.39**). さらに, 光二量化するシンナミック基を導入したネットワークが合成され, 変形状態で UV 照射するとその形状を固定できることが示された[349]. この形状は長期

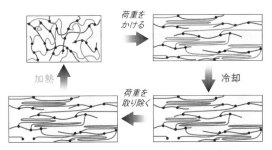

図 **6.38** 側鎖ドメインの結晶化を利用した形状記憶高分子の記憶機構.

図 6.39 マルチブロック共重合体の形状記憶挙動と縫合糸としての応用.
出典：A. Lendlein and R. Langer: *Science*, **296**, 1673 (2002).

間安定であるが，異なる波長の UV を照射すると二量体が解離するために元の形状に戻る．この光形状記憶高分子は遠隔光駆動で形状を変化できる医用材料として利用できる．

上記のような初期形状と一時的な形状の2つの状態を記憶できる形状記憶高分子だけではなく，初期形状から第2の形状，第3の形状へと変化できる3形状記憶高分子も開発されている[350]．初期形状と第2の形状は物理架橋により，第3の形状はネットワーク形成時の共有結合により記憶される．このネットワークは，ポリ(ε-カプロラクトン)ジメタクリレートと他のメタクリレートモノマーとの共重合により得られ，結晶融解やガラス転移によるドメイン構造変化に基づき形状が変化する．さらに，初期形状に加えて3つの異なる形状を記憶できる高分子も報告されている[351]．この多形状記憶高分子は単一の幅広い可逆的相転移領域をもつパーフルオロスルホン酸アイオノマーからなり，材料組成を変化させることなく，4つの形状を記憶させることが可能である．

最近では，フィブロネクチンでコートした形状記憶高分子の表面上に一時的な表面パターンを形成させ，その上で細胞培養するとそのパターンに応じた細胞の配向が観察され，温度刺激によって形状を変化させると細胞の配向も変化することが報告されている[352]．このように医用材料を中心として形状記憶高分子は様々な応用展開が試みられている．

6.9 自己修復機能

生体は傷を受けてもある程度の修復機能をもっている．生体の修復機能と同様に，損傷部分の修復や切断面の再接合が可能な自己修復材料が

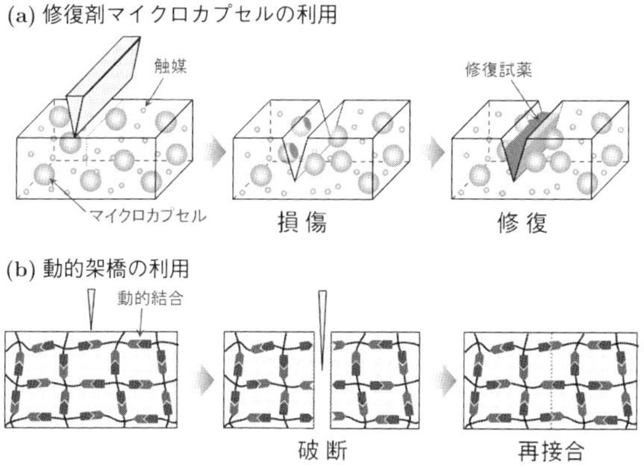

(a) 修復剤マイクロカプセルの利用

(b) 動的架橋の利用

図 6.40 自己修復材料の設計戦略.

最近注目されている[353-356].材料に自己修復機能を付与することにより,その耐久性や寿命を延ばすことができるため,自己修復材料は環境やエネルギーに配慮した次世代型材料といえる.自己修復材料を調製する一般的アプローチとして,材料内に修復試薬のリザーバーを封入する方法や動的結合によりネットワークを再構築させる方法が知られている(図 6.40).

前者の例として,修復試薬を封入したマイクロカプセルを材料に分散すると,クラック発生時にカプセルから修復試薬が放出され,マトリックスに含有させた触媒と接触して反応することにより自己修復することが報告されている[357].同様に,生体の微小血管のようなマイクロチャンネルの三次元ネットワークを利用し,破損部分でチャンネルから修復試薬を放出できる自己修復材料も開発されている[358].そのエポキシコーティング材には触媒粒子が含まれており,材料が損傷を受けるとチャンネル内の修復試薬と触媒とが反応して高分子層が修復される.

動的結合を利用した自己修復材料としては,多重水素結合を形成する低分子化合物の自己集合体エラストマーが初めて設計された(図 6.41)[359].このエラストマーは切断した後に破断面同士を接触させると,水素結合形成により再接合することができる.

また,フラン基を導入したテレケリックプレポリマーとトリスマレイ

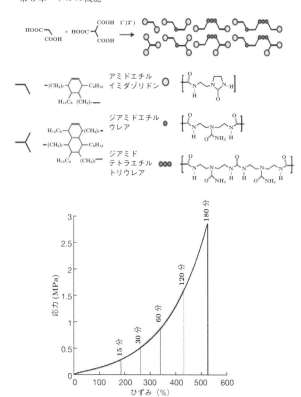

図 6.41 多重水素結合による低分子化合物の自己集合によって形成される自己修復性エラストマー.

出典:P. Cordier, F. Tournilhac, C. Soulie-Ziakovic and L. Leibler: *Nature*, **451**, 977 (2008).

ミドとの Diels-Alder 反応を利用して,自己修復性のネットワークも得られている[360,361].従来は熱刺激による修復がほとんどであったが,オキセタン導入キトサンとポリウレタンからなるネットワークは光照射によって修復する[362].このネットワークに機械的損傷を与えると4員環のオキセタンが開環して2つの反応性末端を形成し,光照射するとキトサンが分解してその反応性末端と架橋形成することにより修復される(図 **6.42**).

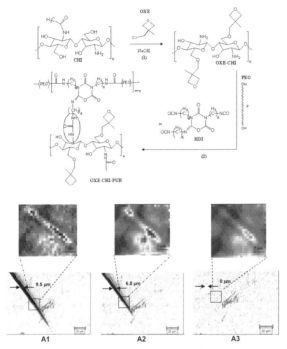

図 6.42 オキセタン導入キトサンとポリウレタンからなるネットワークの光応答性修復挙動.

出典:B. Ghosh and M.W. Urban: *Science*, **323**, 1458 (2009).

さらに,光照射によって自己修復される金属錯体超分子ポリマーも最近報告された[363].この金属錯体にUV照射すると光エネルギーが熱エネルギーに変換され,高分子鎖が解離・再結合して効率よく損傷部分が修復される.その他,トリチオカーボネートユニットの動的共有結合形成を利用した架橋高分子が,光照射により繰り返し自己修復することが報告された[364,365].熱や光による自己修復のほかに,応力に応答して開環・再結合できる官能基(メカノフォアー)で架橋したエラストマーが,応力による自己修復性を示す[366].そのメカノフォアーは応力で開環する際に色変化するため,材料の塑性変形状態を可視化でき,メカノフォアーの結合によって自己修復できる.

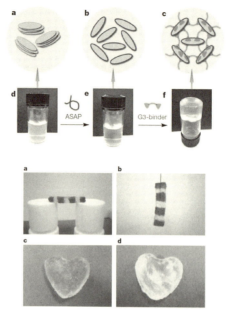

図 6.43 アクアマテリアルの自己修復挙動.
出典：Q. Wang, J.L. Mynar, M. Yoshida, E. Lee, M. Lee, K. Okuro, K. Kinbara and T. Aida: *Nature*, **463**, 339 (2010).

上記のような溶媒を含まないネットワークだけではなく，水を多量に含んだヒドロゲルでも自己修復材料が報告されている．末端に接着性ユニットをもつデンドリック構造のバインダー分子を分子糊（モレキュラーグルー）として用い，層状無機化合物であるクレイナノシートを分散させた溶液に添加すると，極少量のポリアクリル酸のみで水をゲル化させることができる（図 6.43）[367]．このヒドロゲル（アクアマテリアル）はモレキュラーグルーの正電荷とクレイナノシートの負電荷との相互作用によって形成され，その相互作用により切断面を接触させるだけで自己修復する．その他，疎水性相互作用により自己修復できる強靱なヒドロゲルが，親水性のアクリルアミドと疎水性のステアリルメタクリレートとの共重合により得られている[368]．

CD のホスト―ゲスト相互作用を利用した自己修復ゲルも報告されて

おり,様々な分子間相互作用が自己修復システムに利用できることがわかる[73]. 以上のように,動的結合を利用した自己修復材料が開発されているが,いずれの場合も分子鎖の運動性が自己修復性の鍵となっている.

6.10 ナノ・マイクロデバイス制御機能

近年,ナノサイズやマイクロサイズの刺激応答性ゲルが合成され,ナノテクノロジーの発展にも寄与するようになってきた. 例えば,マイクロチップ上で反応や分析などの化学操作を行うマイクロ化学分析システム(μ-TAS)におけるマイクロ流路の開閉バルブとしてpH応答性ゲルを利用できることが示されている[369].

従来のマイクロ流路バルブは微小電気機械システム(MEMS)に基づいているが,pH応答性ゲルの膨潤収縮を利用することによりマイクロ流路の開閉を自律制御できるようになる. さらに,標的分子に応答して収縮する分子応答性ゲルがY字型流路に形成され,標的分子の存在によって流速が自律的に制御できることも報告されている(図6.44)[370].

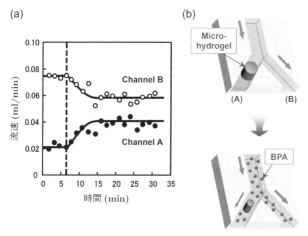

図 6.44 分子応答性ゲルを用いた標的分子に応答したマイクロ流路制御.

出典:Y. Shiraki, K. Tsuruta, J. Morimoto, C. Ohba, A. Kawamura, R. Yoshida, R. Kawano, T. Uragami and T. Miyata: *Macromol. Rapid. Commun.*, **36**, 515 (2015).

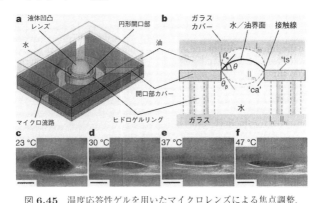

図 6.45　温度応答性ゲルを用いたマイクロレンズによる焦点調整.

出典：L. Dong, A.K. Agarwal, D.J. Beebe and H. Jiang: *Nature*, **442**, 551 (2006).

また，水／油界面をレンズとして用い，温度応答性ゲルによりレンズの曲率を変化できることが報告された[371]．温度によりゲル体積を変化させると水のリザーバー体積も変化し，水／油界面の曲率が変わるため，レンズの焦点距離を調節できる（図 6.45）．さらに Si/SiO_2 基板上にグラフトされたPAAmゲル層に高アスペクト比のSiナノカラムを集積することにより，可逆的に作動するマイクロパターンが形成されている[372]．湿度に応じたゲルの膨潤収縮によりナノカラムの傾斜が変化するので，サブマイクロスケールの表面構造を制御できるアクチュエータとして利用できる（図 6.46）．

ゲルへの微細パターン形成やゲルの微細加工も試みられている．例えば，生体適合性の動的スキャフォールドとして，表面パターンの表示／非表示を温度制御できる刺激応答性ゲル薄膜が調製されている[373]．リソグラフィーでパターン化した基板上にゲル層を形成すると，基板形状に基づいて膨潤ゲル表面に凹凸が生じる．その溝にリガンドを介して生体分子や細胞のパターンを形成させると，ゲルの膨潤収縮によってパターン表示を制御できる．

また，マイクロ流体デバイスを利用することにより，細胞接着足場として作用するコラーゲンからマイクロゲルビーズを調製し，これに細胞を播種・培養することによってマイクロ組織ユニット（細胞ビーズ）が

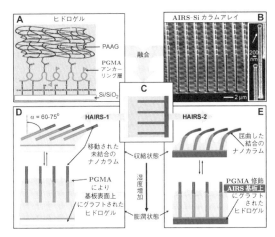

図 6.46 ゲルの膨潤収縮を利用したナノカラムアクチュエータ.

出典：A. Sidorenko, T. Krupenkin, A. Taylor, P. Fratzl and J. Aizenberg: *Science*, **315**, 487 (2007).

作製できる[374]．これを PDMS 製モールドに流し込むと，細胞ビーズ表面に存在する細胞同士が結合して三次元組織構造体を構築できる．

光触媒である酸化チタンのナノシート（TiNSs）を用いて，任意の場所に何回でも光加工できる温度応答性 PNIPAAm/TiNSs ゲルが開発された[375]．このゲルに光照射すると，TiNSs の光触媒作用によってゲル中の水分子からヒドロキシルラジカルが生成し，その部分でのみ化学反応が進行するためにリソグラフィー微細加工できる．このゲルでは TiNSs が安定に存在するため，含水状態では光照射により何度でも反応を誘起させることが可能である．

アクチン／ミオシンや微小管／キネシンなどの生体分子モーターは ATP の化学エネルギーを運動エネルギーに変換する分子機械である．自己組織化法によって微小管集合体が形成され，キネシン修飾表面で ATP を燃料とした並進や回転などのユニークな運動が実現された[376]．最近，基板としてキネシン修飾ポリジメチルシロキサンを用いると，基板の伸縮に応じて微小管の運動速度や運動方向を制御できることもわかってきた[377]．個別の材料やデバイスをシステムとして組み上げること

により人工的な分子システムを構築する分子ロボティクス研究が活発化しており,生体分子モーターや関連するゲル材料が有力なデバイスとして利用されている.

6.11 自励振動機能

Belousov-Zhabotinsky反応(BZ反応)は,時間周期的なリズムや反応伝播による空間パターンを自発的に生み出す化学振動反応であり,生体内代謝反応(TCA回路)の化学モデルとして知られている.ルテニウムビピリジン錯体($Ru(bpy)_3$)などの金属触媒と臭素酸ナトリウムなどの酸化剤によりマロン酸などのカルボン酸を臭素化する反応で,系内に存在するいくつかの物質の濃度が周期的に変化する振動反応である.BZ反応系中では,金属触媒の酸化還元状態も周期的に振動するため,酸化還元状態によって変化するゲルは外部刺激のON-OFF制御なしに心臓の拍動のように自律的な膨潤収縮を周期的に繰り返す[378].

このようなゲルは自励振動ゲルと名付けられており,触媒である$Ru(bpy)_3$を有するモノマーとNIPAAm,架橋剤モノマーとの共重合により得られる.この poly(NIPAAm-$Ru(bpy)_3$) ゲルはPNIPAAm成分に基づく体積相転移温度をもち,$Ru(bpy)_3$の酸化還元変化によって高分子鎖の親水性/疎水性が変化して体積相転移温度がシフトする.そのため,BZ反応基質溶液に poly(NIPAAm-$Ru(bpy)_3$) ゲルを浸漬すると,系内の酸化還元状態の周期的変化に追随して自律的に膨潤収縮する.このような自励振動ゲルから光重合により管状ゲルを作製すると,化学反応波の伝播によって蠕動運動し,内部にある気泡の間欠的運動が観察された[379,380].さらに,自励振動ゲルから屈曲したゲルを調製すると自律歩行型のアクチュエータ[381]となり,基板表面で自励振動ゲル層を形成させると自律的物質輸送可能なコンベアゲル[382]が得られる(図 **6.47**).

このようなバルク状態のゲルだけではなく,沈殿重合によってサブミクロンサイズの自励振動ゲル微粒子が合成され,BZ反応系中では周期的に分散/凝集を繰り返し,溶液の粘度振動も確認された[383].さらに,poly(NIPAAm-$Ru(bpy)_3$)からなる自励振動セグメントに親水

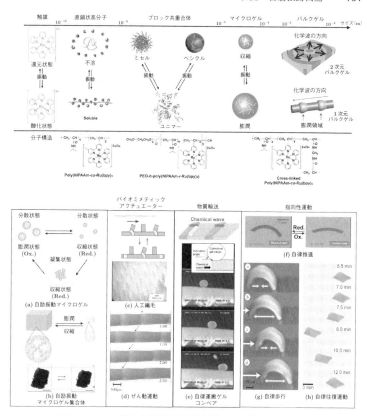

図 **6.47** BZ 反応を利用した自励振動ゲルの多彩な応用例.

出典:Y.S. Kim, R. Tamate, A.M. Akimoto and R. Yoshida: *Mater. Horiz.*, **4**, 38 (2017).

性セグメントとして PEG 鎖を導入したジブロック共重合体が,BZ 反応によってミセル-ユニマー間での構造形成・崩壊やベシクル構造の形成・崩壊の振動現象を示すことも報告されている[384].このような自励振動ゲルは,時空間構造を有する材料として幅広い展開が試みられており,複雑な生体システムに倣ったユニークな材料システムを提供することができる[385].

参考文献

1) 吉田亮:『高分子ゲル』(共立出版, 2004).
2) 長田義仁編:『ゲルハンドブック』(エヌ・ティー・エス, 1997).
3) 中野義夫編:『ゲルテクノロジーハンドブック』(エヌ・ティー・エス, 2014).
4) T. Miyata: in *"Supramolecular Design for Biological Applications"* (ed. N. Yui), Ch. 6, (CRC Press, 2002) p.95 .
5) P.J. フローリ著, 岡小天, 金丸競共訳:『高分子化学 (第6版)』(丸善, 1975).
6) D. Stauffer: *J. Chem. Soc., Faraday Trans., 2*, **72**, 1354 (1976).
7) D. スタウファー著, 小田垣孝訳:『浸透理論の基礎』(吉岡書店, 1988).
8) ド・ジャン著, 高野宏, 中西秀共訳:『高分子の物理学―スケーリングを中心にして』(吉岡書店, 2004).
9) P. Meakin: *Phys. Rev. Lett.*, **51**, 1119 (1983).
10) T. Tanaka: *Sci. Am.*, **244**, 124 (1981).
11) K. Dušek and D. Patterson: *J. Polym. Sci., Part A-2: Polym. Phys.*, **6**, 1209 (1968).
12) T. Tanaka: *Phys. Rev. Lett.*, **40**, 820 (1978).
13) S. Katayama, Y. Hirokawa and T. Tanaka: *Macromolecules*, **17**, 2641 (1984).
14) T. Tanaka, D. Fillmore, S.-T. Sun, I. Nishio, G. Swislow and A. Shah: *Phys. Rev. Lett.*, **45**, 1636 (1980).
15) Y. Hirokawa and T. Tanaka: *J. Chem. Phys.*, **81**, 6379 (1984).
16) T. Tanaka and D.J. Fillmore: *J. Chem. Phys.*, **70**, 1214 (1979).
17) M. Shibayama and T. Tanaka: *Adv. Polym. Sci.*, **109**, 1 (1993).
18) M. Shibayama: *J. Phys. Soc. Jpn.*, **78**, 041008 (2009).
19) M. Tokita: *Jpn. J. Appl. Phys., Part 1*, **5A**, 2418 (1995).
20) H. Yasuda, C.E. Lamaze and L.D. Ikenberry: *Makromol. Chem.*, **118**, 19 (1968).
21) H. Yasuda, A. Peterlin, C.K. Colton, K.A. Smith and E.W. Merrill: *Makromol. Chem.*, **126**, 177 (1969).

22) M. Tokita, T. Miyoshi, K. Takegoshi and K. Hikichi: *Phys. Rev. E*, **53**, 1823 (1996).
23) V.S. Pande, A.Y. Grosberg and T. Tanaka: *Rev. Mod. Phys.*, **72**, 259 (2000).
24) V.S. Pande, A.Y. Grosberg and T. Tanaka: *Proc. Natl. Acad. Sci. USA*, **91**, 12976 (1994).
25) M. Annaka and T. Tanaka: *Nature*, **355**, 430 (1992).
26) 北原和夫，田中豊一編：『生命現象と物理学—「生きもの」と「もの」の間』(朝倉書店, 1994).
27) W.E. Hennink and C.F. van Nostrum: *Adv. Drug Deliv. Rev.*, **64**, 223 (2012).
28) C.J. Brinker and G.W. Scherer: "*Sol-Gel Science: The Physics and Chemistry of Sol-Gel Processing*" (Academic Press, 1990).
29) L.H. Sperling: in "*Polymeric Multicomponent Materials*" Ch.10, (John Wiley 6 Sons, 1997) p. 335 .
30) M. Kamigaito, T. Ando and M. Sawamoto: *Chem. Rev.*, **101**, 3689 (2001).
31) K. Matyjaszewski and J. Xia: *Chem. Rev.*, **101**, 2921 (2001).
32) L. Yu and J. Ding: *Chem. Soc. Rev.*, **37**, 1473 (2008).
33) S. Aoshima and S. Kanaoka: *Chem. Rev.*, **109**, 5245 (2009).
34) S. Aoshima and S. Kanaoka: *Adv. Polym. Sci.*, **210**, 169 (2008).
35) C. Boyer, V. Bulmus, T.P. Davis, V. Ladmiral, J. Liu and S. Perrier: *Chem. Rev.*, **109**, 5402 (2009).
36) H.F. Gao and K. Matyjaszewski: *Prog. Polym. Sci.*, **34**, 317 (2009).
37) H. Gao, K. Min and K. Matyjaszewski: *Macromolecules*, **40**, 7763 (2007).
38) S.E. Kirkland, R.M. Hensarling, S.D. McConaughy, Y. Guo, W.L. Jarrett and C.L. McCormick: *Biomacromolecules*, **9**, 481 (2008).
39) R.K. Iha, K.L. Wooley, A.M. Nystrom, D.J. Burke, M.J. Kade and C.J. Hawker: *Chem. Rev.*, **109**, 5620 (2009).
40) M. Malkoch, R. Vestberg, N. Gupta, L. Mespouille, P. Dubois, A.F. Mason, J.L. Hedrick, Q. Liao, C.W. Frank, K. Kingsbury and C.J. Hawker: *Chem. Commun.*, 2774 (2006).
41) J.A. Johnson, D.R. Lewis, D.D. Diaz, M.G. Finn, J.T. Koberstein and N.J. Turro: *J. Am. Chem. Soc.*, **128**, 6564 (2006).
42) Y. Xia, R. Verduzco, R.H. Grubbs and J.A. Kornfield: *J. Am. Chem. Soc.*, **130**, 1735 (2008).
43) J.M. Baskin, J.A. Prescher, S.T. Laughlin, N.J. Agard, P.V. Chang, I.A. Miller, A. Lo, J.A. Codelli and C.R. Bertozzi: *Proc. Natl. Acad. Sci. USA*, **104**, 16793 (2007).
44) J.A. Johnson, J.M. Baskin, C.R. Bertozzi, J.T. Koberstein and N.J.

Turro: *Chem. Commun.*, 3064 (2008).
45) E.M. Sletten and C.R. Bertozzi: *Acc. Chem. Res.*, **44**, 666 (2011).
46) C.E. Hoyle and C.N. Bowman: *Angew. Chem. Int. Ed. Engl.*, **49**, 1540 (2010).
47) A.E. Rydholm, N.L. Held, C.N. Bowman and K.S. Anseth: *Macromolecules*, **39**, 7882 (2006).
48) K.Y. Lee, E. Alsberg and D.J. Mooney: *J. Biomed. Mater. Res.*, **56**, 228 (2001).
49) B. Balakrishnan and A. Jayakrishnan: *Biomaterials*, **26**, 3941 (2005).
50) M. Wathier, P.J. Jung, M.A. Carnahan, T. Kim and M.W. Grinstaff: *J. Am. Chem. Soc.*, **126**, 12744 (2004).
51) R.A. Gross, A. Kumar and B. Kalra: *Chem. Rev.*, **101**, 2097 (2001).
52) S. Kobayashi, H. Uyama and S. Kimura: *Chem. Rev.*, **101**, 3793 (2001).
53) L.S. Teixeira, J. Feijen, C.A. van Blitterswijk, P.J. Dijkstra and M. Karperien: *Biomaterials*, **33**, 1281 (2012).
54) J.J. Sperinde and L.G. Griffith: *Macromolecules*, **30**, 5255 (1997).
55) B.H. Hu and P.B. Messersmith: *J. Am. Chem. Soc.*, **125**, 14298 (2003).
56) M. Kurisawa, J.E. Chung, Y.Y. Yang, S.J. Gao and H. Uyama: *Chem. Commun.*, 4312 (2005).
57) S. Sakai and K. Kawakami: *Acta Biomater.*, **3**, 495 (2007).
58) K. Hanabusa and M. Suzuki: *Polym. J.*, **46**, 776 (2014).
59) E.A. Appel, J. del Barrio, X.J. Loh and O.A. Scherman: *Chem. Soc. Rev.*, **41**, 6195 (2012).
60) A. Noro, M. Hayashi and Y. Matsushita: *Soft Matter*, **8**, 6416 (2012).
61) M.J. Webber, E.A. Appel, E.W. Meijer and R. Langer: *Nat. Mater.*, **15**, 13 (2016).
62) K. Hanabusa, R. Tanaka, M. Suzuki, M. Kimura and H. Shirai: *Adv. Mater.*, **9**, 1095 (1997).
63) S. Kobayashi, N. Hamasaki, M. Suzuki, M. Kimura, H. Shirai and K. Hanabusa: *J. Am. Chem. Soc.*, **124**, 6550 (2002).
64) K. Hanabusa, H. Fukui, M. Suzuki and H. Shirai: *Langmuir*, **21**, 10383 (2005).
65) S. Kiyonaka, K. Sugiyasu, S. Shinkai and I. Hamachi: *J. Am. Chem. Soc.*, **124**, 10954 (2002).
66) S. Kiyonaka, K. Sada, I. Yoshimura, S. Shinkai, N. Kato and I. Hamachi: *Nat. Mater.*, **3**, 58 (2004).
67) A.P. Nowak, V. Breedveld, L. Pakstis, B. Ozbas, D.J. Pine, D.

Pochan and T.J. Deming: *Nature*, **417**, 424 (2002).
68) P.H. Kouwer, M. Koepf, V.A. Le Sage, M. Jaspers, A.M. van Buul, Z.H. Eksteen-Akeroyd, T. Woltinge, E. Schwartz, H.J. Kitto, R. Hoogenboom, S.J. Picken, R.J. Nolte, E. Mendes and A.E. Rowan: *Nature*, **493**, 651 (2013).
69) A. Dasgupta, J.H. Mondal and D. Das: *RSC Adv.*, **3**, 9117 (2013).
70) D.J. Adams: *Macromol. Biosci.*, **11**, 160 (2011).
71) J. Boekhoven, J.M. Poolman, C. Maity, F. Li, L. van der Mee, C.B. Minkenberg, E. Mendes, J.H. van Esch and R. Eelkema: *Nat. Chem.*, **5**, 433 (2013).
72) A.R. Hirst, S. Roy, M. Arora, A.K. Das, N. Hodson, P. Murray, S. Marshall, N. Javid, J. Sefcik, J. Boekhoven, J.H. van Esch, S. Santabarbara, N.T. Hunt and R.V. Ulijn: *Nat. Chem.*, **2**, 1089 (2010).
73) A. Harada, Y. Takashima and M. Nakahata: *Acc. Chem. Res.*, **47**, 2128 (2014).
74) K.M. Huh, T. Ooya, W.K. Lee, S. Sasaki, I.C. Kwon, S.Y. Jeong and N. Yui: *Macromolecules*, **34**, 8657 (2001).
75) S. Horike, S. Shimomura and S. Kitagawa: *Nat. Chem.*, **1**, 695 (2009).
76) A. Corma, H. Garcia and F.X. Llabres i Xamena: *Chem. Rev.*, **110**, 4606 (2010).
77) Y. Furukawa, T. Ishiwata, K. Sugikawa, K. Kokado and K. Sada: *Angew. Chem. Int. Ed. Engl.*, **51**, 10566 (2012).
78) T. Ishiwata, Y. Furukawa, K. Sugikawa, K. Kokado and K. Sada: *J. Am. Chem. Soc.*, **135**, 5427 (2013).
79) H. Kawaguchi: *Prog. Polym. Sci.*, **25**, 1171 (2000).
80) L.A. Lyon, Z. Meng, N. Singh, C.D. Sorrell and A. St. John: *Chem. Soc. Rev.*, **38**, 865 (2009).
81) J.K. Oh, R. Drumright, D.J. Siegwart and K. Matyjaszewski: *Prog. Polym. Sci.*, **33**, 448 (2008).
82) D. Suzuki, T. Kureha and K. Horigome: in "*Encyclopedia of Biocolloid and Biointerface Sciences*" (ed. H. Ohshima) (Wiley, 2016) p.554.
83) M. Oishi and Y. Nagasaki: *Nanomedicine (Lond)*, **5**, 451 (2010).
84) H. Hayashi, M. Iijima, K. Kataoka and Y. Nagasaki: *Macromolecules*, **37**, 5389 (2004).
85) R. Pelton: *Adv. Colloid Interface Sci.*, **85**, 1 (2000).
86) G.R. Hendrickson, M.H. Smith, A.B. South and L.A. Lyon: *Adv. Funct. Mater.*, **20**, 1697 (2010).
87) P.B. Zetterlund, Y. Kagawa and M. Okubo: *Chem. Rev.*, **108**, 3747

(2008).
88) Y. Sasaki and K. Akiyoshi: *Chem. Rec.*, **10**, 366 (2010).
89) J.-T. Wang, J. Wang and J.-J. Han: *Small*, **7**, 1728 (2011).
90) B.G. Chung, K.-H. Lee, A. Khademhosseini and S.-H. Lee: *Lab Chip*, **12**, 45 (2012).
91) Y. Iwasaki and K. Ishihara: *Anal. Bioanal. Chem.*, **381**, 534 (2005).
92) J.C. Love, L.A. Estroff, J.K. Kriebel, R.G. Nuzzo and G.M. Whitesides: *Chem. Rev.*, **105**, 1103 (2005).
93) H. Lee, S.M. Dellatore, W.M. Miller and P.B. Messersmith: *Science*, **318**, 426 (2007).
94) H. Lee, B.P. Lee and P.B. Messersmith: *Nature*, **448**, 338 (2007).
95) J.L. Dalsin, L. Lin, S. Tosatti, J. Voros, M. Textor and P.B. Messersmith: *Langmuir*, **21**, 640 (2005).
96) Y. Iwasaki and K. Ishihara: *Sci. Technol. Adv. Mater.*, **13**, 064101 (2012).
97) J.O. Zoppe, N.C. Ataman, P. Mocny, J. Wang, J. Moraes and H.A. Klok: *Chem. Rev.*, **117**, 1105 (2017).
98) Y. Tsujii, K. Ohno, S. Yamamoto, A. Goto and T. Fukuda: *Adv. Polym. Sci.*, **197**. 1 (2006).
99) R. Barbey, L. Lavanant, D. Paripovic, N. Schuwer, C. Sugnaux, S. Tugulu and H.A. Klok: *Chem. Rev.*, **109**, 5437 (2009).
100) X. Fan, L. Lin, J.L. Dalsin and P.B. Messersmith: *J. Am. Chem. Soc.*, **127**, 15843 (2005).
101) Y. Kuriu, M. Ishikawa, A. Kawamura, T. Uragami and T. Miyata: *Chem. Lett.*, **41**, 1660 (2012).
102) Y. Kuriu, A. Kawamura, T. Uragami and T. Miyata: *Chem. Lett.*, **43**, 825 (2014).
103) A. Kawamura, T. Katoh, T. Uragami and T. Miyata: *Polym. J.*, **47**, 206 (2014).
104) 岡田耕治, 渡邊洋輔, 齋藤梓, 川上勝, 古川英光：ネットワークポリマー, **37**, 81 (2016).
105) M. Shibayama and T. Norisuye: *Bull. Chem. Soc. Jpn.*, **75**, 641 (2002).
106) M. Djabourov, J. Leblond and P. Papon: *J. Phys.*, **49**, 319 (1988).
107) P.G. De Gennes: *J. Phys. Lett–Paris.*, **37**, 1 (1976).
108) B. Derrida, D. Stauffer, H.J. Herrmann and J. Vannimenus: *J. Phys. Lett–Paris.*, **44**, L701 (1983).
109) B. Erman and J.E. Mark: in "*Structures and Properties of Rubber-like Networks*" (Oxford University Press, 1997).
110) T. Tanaka, L.O. Hocker and G.B. Benedek: *J. Chem. Phys.*, **59**,

5151 (1973).
111) F. Horkay, W. Burchard, A.M. Hecht and E. Geissler: *Macromolecules*, **26**, 4203 (1993).
112) 柴山充弘, 佐藤尚弘, 岩井俊昭, 木村康之:『光散乱法の基礎と応用』(講談社, 2014).
113) T. Kanaya, M. Ohkura, H. Takeshita, K. Kaji, M. Furusaka, H. Yamaoka and G.D. Wignall: *Macromolecules*, **28**, 3168 (1995).
114) T. Kanaya, H. Takeshita, Y. Nishikoji, M. Ohkura, K. Nishida and K. Kaji: *Supramol. Sci.*, **5**, 215 (1998).
115) J.G.H. Joosten, J.L. Mccarthy and P.N. Pusey: *Macromolecules*, **24**, 6690 (1991).
116) M. Shibayama, T. Norisuye and S. Nomura: *Macromolecules*, **29**, 8746 (1996).
117) R.R. Taribagil, M.A. Hillmyer and T.P. Lodge: *Macromolecules*, **43**, 5396 (2010).
118) D.J. Pochan, L. Pakstis, B. Ozbas, A.P. Nowak and T.J. Deming: *Macromolecules*, **35**, 5358 (2002).
119) Y. Hirokawa, T. Okamoto, K. Kimishima, H. Jinnai, S. Koizumi, K. Aizawa and T. Hashimoto: *Macromolecules*, **41**, 8210 (2008).
120) N. Kodera, D. Yamamoto, R. Ishikawa and T. Ando: *Nature*, **468**, 72 (2010).
121) 三輪優子, 田中賢, 望月明: 高分子論文集, **68**, 133 (2011).
122) M. Tanaka, T. Hayashi and S. Morita: *Polym. J.*, **45**, 701 (2013).
123) 田中賢:高分子, **63**, 542 (2014).
124) H. Ohta, I. Ando, S. Fujishige and K. Kubota: *J. Polym. Sci., Part B: Polym. Phys.*, **29**, 963 (1991).
125) Y. Okumura and K. Ito: *Adv. Mater.*, **13**, 485 (2001).
126) K. Ito: *Curr. Opin. Solid State Mater. Sci.*, **14**, 28 (2010).
127) M. Shibayama, K. Kawakubo, F. Ikkai and M. Imai: *Macromolecules*, **31**, 2586 (1998).
128) Y. Shinohara, K. Kayashima, Y. Okumura, C. Zhao, K. Ito and Y. Amemiya: *Macromolecules*, **39**, 7386 (2006).
129) K. Kato, T. Yasuda and K. Ito: *Polymer*, **55**, 2614 (2014).
130) A.B. Imran, K. Esaki, H. Gotoh, T. Seki, K. Ito, Y. Sakai and Y. Takeoka: *Nat. Commun.*, **5**, 5124 (2014).
131) J. Sawada, D. Aoki, S. Uchida, H. Otsuka and T. Takata: *ACS Macro Lett.*, **4**, 598 (2015).
132) K. Haraguchi and T. Takehisa: *Adv. Mater.*, **14**, 1120 (2002).
133) K. Haraguchi: *Polym. J.*, **43**, 223 (2011).
134) M. Liu, Y. Ishida, Y. Ebina, T. Sasaki, T. Hikima, M. Takata and T. Aida: *Nature*, **517**, 68 (2015).

135) J.P. Gong, Y. Katsuyama, T. Kurokawa and Y. Osada: *Adv. Mater.*, **15**, 1155 (2003).
136) J.P. Gong: *Soft Matter*, **6**, 2583 (2010).
137) T.L. Sun, T. Kurokawa, S. Kuroda, A.B. Ihsan, T. Akasaki, K. Sato, M.A. Haque, T. Nakajima and J.P. Gong: *Nat. Mater.*, **12**, 932 (2013).
138) E. Ducrot, Y. Chen, M. Bulters, R.P. Sijbesma and C. Creton: *Science*, **344**, 186 (2014).
139) J.Y. Sun, X. Zhao, W.R. Illeperuma, O. Chaudhuri, K.H. Oh, D.J. Mooney, J.J. Vlassak and Z. Suo: *Nature*, **489**, 133 (2012).
140) T. Sakai, T. Matsunaga, Y. Yamamoto, C. Ito, R. Yoshida, S. Suzuki, N. Sasaki, M. Shibayama and U. Chung: *Macromolecules*, **41**, 5379 (2008).
141) T. Matsunaga, T. Sakai, Y. Akagi, U. Chung and M. Shibayama: *Macromolecules*, **42**, 6245 (2009).
142) Y. Akagi, J.P. Gong, U. Chung and T. Sakai: *Macromolecules*, **46**, 1035 (2013).
143) T. Ono, T. Sugimoto, S. Shinkai and K. Sada: *Nat. Mater.*, **6**, 429 (2007).
144) T. Ono, T. Sugimoto, S. Shinkai and K. Sada: *Adv. Funct. Mater.*, **18**, 3936 (2008).
145) G. Hayase, K. Kanamori, M. Fukuchi, H. Kaji and K. Nakanishi: *Angew. Chem. Int. Ed. Engl.*, **52**, 1986 (2013).
146) W.S. Wan Ngah, L.C. Teong and M.A.K.M. Hanafiah: *Carbohydr. Polym.*, **83**, 1446 (2011).
147) R.A.A. Muzzarelli: *Carbohydr. Polym.*, **84**, 54 (2011).
148) M.K. Okajima, T. Higashi, R. Asakawa, T. Mitsumata, D. Kaneko, T. Kaneko, T. Ogawa, H. Kurata and S. Isoda: *Biomacromolecules*, **11**, 3172 (2010).
149) O. Wichterle and D. Lim: *Nature*, **185**, 117 (1960).
150) J.P. Gong: *Soft Matter*, **2**, 544 (2006).
151) J.P. Gong, 長田義仁:高分子, **52**, 711 (2003).
152) T. Moro, Y. Takatori, K. Ishihara, T. Konno, Y. Takigawa, T. Matsushita, U.I. Chung, K. Nakamura and H. Kawaguchi: *Nat. Mater.*, **3**, 829 (2004).
153) M. Kobayashi and A. Takahara: *Chem. Lett.*, **34**, 1582 (2005).
154) M. Kobayashi, Y. Terayama, N. Hosaka, M. Kaido, A. Suzuki, N. Yamada, N. Torikai, K. Ishihara and A. Takahara: *Soft Matter*, **3**, 740 (2007).
155) T.S. Wong, S.H. Kang, S.K. Tang, E.J. Smythe, B.D. Hatton, A. Grinthal and J. Aizenberg: *Nature*, **477**, 443 (2011).

156) N. Matsuda, T. Shimizu, M. Yamato and T. Okano: *Adv. Mater.*, **19**, 3089 (2007).
157) K. Nakamae, T. Miyata and N. Ootsuki: *Makromol. Chem., Rapid commun.*, **14**, 413 (1993).
158) T. Miyata, N. Ootsuki, K. Nakamae, M. Okumura and K. Kinomura: *Macromol. Chem. Phys.*, **195**, 3597 (1994).
159) R.A. Siegel: *Adv. Polym. Sci.*, **109**, 233 (1993).
160) Y. Nagasaki, L. Luo, T. Tsuruta and K. Kataoka: *Macromol. Rapid Commun.*, **22**, 1124 (2001).
161) W.A. Petka, J.L. Harden, K.P. McGrath, D. Wirtz and D.A. Tirrell: *Science*, **281**, 389 (1998).
162) 伊藤昭二:高分子論文集, **47**, 467 (1990).
163) N. Vanparijs, L. Nuhn and B.G. De Geest: *Chem. Soc. Rev.*, **46**, 1193 (2017).
164) R. Yoshida, K. Uchida, Y. Kaneko, K. Sakai, A. Kikuchi, Y. Sakurai and T. Okano: *Nature*, **374**, 240 (1995).
165) T. Aoyagi, M. Ebara, K. Sakai, Y. Sakurai and T. Okano: *J. Biomater. Sci., Polym. Ed.*, **11**, 101 (2000).
166) H. Katono, A. Maruyama, K. Sanui, N. Ogata, T. Okano and Y. Sakurai: *J. Control. Release*, **16**, 215 (1991).
167) T. Aoki, K. Nakamura, K. Sanui, A. Kikuchi, T. Okano, Y. Sakurai and N. Ogata: *Polym. J.*, **31**, 1185 (1999).
168) N. Shimada, S. Kidoaki and A. Maruyama: *RSC Adv.*, **4**, 52346 (2014).
169) C.S. Brazel and N.A. Peppas: *Macromolecules*, **28**, 8016 (1995).
170) T. Miyata, K. Nakamae, A.S. Hoffman and Y. Kanzaki: *Macromol. Chem. Phys.*, **195**, 1111 (1994).
171) S. Ida, T. Kawahara, Y. Fujita, S. Tanimoto and Y. Hirokawa: *Macromol. Symp.*, **350**, 14 (2015).
172) S. Amemori, K. Kokado and K. Sada: *J. Am. Chem. Soc.*, **134**, 8344 (2012).
173) M.K. Nguyen and D.S. Lee: *Macromol. Biosci.*, **10**, 563 (2010).
174) M.H. Park, M.K. Joo, B.G. Choi and B. Jeong: *Acc. Chem. Res.*, **45**, 424 (2012).
175) K. Nagahama, A. Takahashi and Y. Ohya: *React. Funct. Polym.*, **73**, 979 (2013).
176) S.S. Liow, Q. Dou, D. Kai, A.A. Karim, K. Zhang, F. Xu and X.J. Loh: *ACS Biomater. Sci. Eng.*, **2**, 295 (2016).
177) B. Jeong, Y.H. Bae, D.S. Lee and S.W. Kim: *Nature*, **388**, 860 (1997).
178) C. Wang, R.J. Stewart and J. Kopecek: *Nature*, **397**, 417 (1999).

179) 上木岳士，渡邉正義: 機能材料, **32**, 35 (2012).
180) T. Ueki and M. Watanabe: *Chem. Lett.*, **35**, 964 (2006).
181) T. Ueki and M. Watanabe: *Langmuir*, **23**, 988 (2007).
182) W. Kuhn, B. Hargitay, A. Katchalsky and H. Eisenberg: *Nature*, **165**, 514 (1950).
183) I.Z. Steinberg, A. Oplatka and A. Katchalsky: *Nature*, **210**, 568 (1966).
184) M.V. Sussman and A. Katchalsky: *Science*, **167**, 45 (1970).
185) R.P. Hamlen, C.E. Kent and S.N. Shafer: *Nature*, **206**, 1149 (1965).
186) T. Tanaka, I. Nishio, S.T. Sun and S. Ueno-Nishio: *Science*, **218**, 467 (1982).
187) Y. Osada and M. Hasebe: *Chem. Lett.*, **14**, 1285 (1985).
188) T. Shiga and T. Kurauchi: *J. Appl. Polym. Sci.*, **39**, 2305 (1990).
189) Y. Osada, H. Okuzaki and H. Hori: *Nature*, **355**, 242 (1992).
190) T. Hirai, H. Nemoto, M. Hirai and S. Hayashi: *J. Appl. Polym. Sci.*, **53**, 79 (1994).
191) K. Asaka, K. Oguro, Y. Nishimura, M. Mizuhata and H. Takenaka: *Polym. J.*, **27**, 436 (1995).
192) T. Fukushima, A. Kosaka, Y. Ishimura, T. Yamamoto, T. Takigawa, N. Ishii and T. Aida: *Science*, **300**, 2072 (2003).
193) T. Fukushima, K. Asaka, A. Kosaka and T. Aida: *Angew. Chem. Int. Ed. Engl.*, **44**, 2410 (2005).
194) K. Mukai, K. Asaka, T. Sugino, K. Kiyohara, I. Takeuchi, N. Terasawa, D.N. Futoba, K. Hata, T. Fukushima and T. Aida: *Adv. Mater.*, **21**, 1582 (2009).
195) S. Imaizumi, H. Kokubo and M. Watanabe: *Macromolecules*, **45**, 401 (2012).
196) Q.M. Zhang: *Science*, **280**, 2101 (1998).
197) R.H. Baughman: *Synth. Met.*, **78**, 339 (1996).
198) Q.B. Pei and O. Inganas: *J. Phys. Chem.*, **96**, 10507 (1992).
199) H. Okuzaki and K. Funasaka: *Macromolecules*, **33**, 8307 (2000).
200) E.W.H. Jager: *Science*, **290**, 1540 (2000).
201) T. Hirai, T. Ogiwara, K. Fujii, T. Ueki, K. Kinoshita and M. Takasaki: *Adv. Mater.*, **21**, 2886 (2009).
202) K. Urayama: *Macromol. Symp.*, **291**-**292**, 89 (2010).
203) T. Kato, Y. Hirai, S. Nakaso and M. Moriyama: *Chem. Soc. Rev.*, **36**, 1857 (2007).
204) A. Suzuki and T. Tanaka: *Nature*, **346**, 345 (1990).
205) A. Mamada, T. Tanaka, D. Kungwatchakun and M. Irie: *Macromolecules*, **23**, 1517 (1990).
206) M. Irie: in "*Photoresponsive Polymers*", Vol.94 (Springer-Verlug,

1990) pp.27-67.
207) S. Juodkazis, N. Mukai, R. Wakaki, A. Yamaguchi, S. Matsuo and H. Misawa: *Nature*, **408**, 178 (2000).
208) K. Sumaru, K. Ohi, T. Takagi, T. Kanamori and T. Shinbo: *Langmuir*, **22**, 4353 (2006).
209) S. Sugiura, A. Szilagyi, K. Sumaru, K. Hattori, T. Takagi, G. Filipcsei, M. Zrinyi and T. Kanamori: *Lab Chip.*, **9**, 196 (2009).
210) Y. Takashima, S. Hatanaka, M. Otsubo, M. Nakahata, T. Kakuta, A. Hashidzume, H. Yamaguchi and A. Harada: *Nat. Commun.*, **3**, 1270 (2012).
211) K. Iwaso, Y. Takashima and A. Harada: *Nat. Chem.*, **8**, 625 (2016).
212) T. Ueki, A. Yamaguchi and M. Watanabe: *Chem. Commun.*, **48**, 5133 (2012).
213) H. Finkelmann, E. Nishikawa, G.G. Pereira and M. Warner: *Phys. Rev. Lett.*, **87**, 015501 (2001).
214) T. Ikeda, M. Nakano, Y. Yu, O. Tsutsumi and A. Kanazawa: *Adv. Mater.*, **15**, 201 (2003).
215) Y. Hayata, S. Nagano, Y. Takeoka and T. Seki: *ACS Macro Lett.*, **1**, 1357 (2012).
216) S. Guo, K. Matsukawa, T. Miyata, T. Okubo, K. Kuroda and A. Shimojima: *J. Am. Chem. Soc.*, **137**, 15434 (2015).
217) T. Miyata, T. Uragami and K. Nakamae: *Adv. Drug Deliv. Rev.*, **54**, 79 (2002).
218) T. Miyata. in "*Biomedical Applications of Hydrogels Handbook*" (eds. R. M. Ottenbrite, K. Park and T. Okano) (Springer, 2010) p.65.
219) T. Miyata: in "*Smart Materials for Drug Delivery*", Vol.1 (eds. C. Alvarez-Lorenzo and A. Concheiro) (RSC publishing, 2013) p.261.
220) 松本和也, 宮田隆志: 高分子論文集, **71**, 125 (2014).
221) K. Ishihara, M. Kobayashi, N. Ishimaru and I. Shinohara: *Polym. J.*, **16**, 625 (1984).
222) G. Albin, T.A. Horbett and B.D. Ratner: *J. Control. Release*, **2**, 153 (1985).
223) K. Kataoka, H. Miyazaki, M. Bunya, T. Okano and Y. Sakurai: *J. Am. Chem. Soc.*, **120**, 12694 (1998).
224) A. Matsumoto, T. Ishii, J. Nishida, H. Matsumoto, K. Kataoka and Y. Miyahara: *Angew. Chem. Int. Ed. Engl.*, **51**, 2124 (2012).
225) T. Miyata: *Polym. J.*, **42**, 277 (2010).
226) T. Miyata, A. Jikihara, K. Nakamae and A.S. Hoffman: *Macromol. Chem. Phys.*, **197**, 1135 (1996).

227) T. Miyata, A. Jikihara, K. Nakamae and A.S. Hoffman: *J. Biomater. Sci., Polym. Ed.*, **15**, 1085 (2004).
228) T. Miyata, N. Asami and T. Uragami: *Nature*, **399**, 766 (1999).
229) A. Kawamura, Y. Hata, T. Miyata and T. Uragami: *Colloid Surf. B: Biointerfaces*, **99**, 74 (2012).
230) T. Miyata, N. Asami and T. Uragami: *J. Polym. Sci., Part B: Polym. Phys.*, **47**, 2144 (2009).
231) T. Miyata, N. Asami, Y. Okita and T. Uragami: *Polym. J.*, **42**, 834 (2010).
232) T. Miyata, M. Jige, T. Nakaminami and T. Uragami: *Proc. Natl. Acad. Sci. USA*, **103**, 1190 (2006).
233) T. Miyata, T. Hayashi, Y. Kuriu and T. Uragami: *J. Mol. Recognit.*, **25**, 336 (2012).
234) A. Kawamura, T. Kiguchi, T. Nishihata, T. Uragami and T. Miyata: *Chem. Commun.*, **50**, 11101 (2014).
235) J.D. Ehrick, S.K. Deo, T.W. Browning, L.G. Bachas, M.J. Madou and S. Daunert: *Nat. Mater.*, **4**, 298 (2005).
236) W. Yuan, J. Yang, P. Kopeckova and J. Kopecek: *J. Am. Chem. Soc.*, **130**, 15760 (2008).
237) Y. Murakami and M. Maeda: *Biomacromolecules*, **6**, 2927 (2005).
238) Y. Zhao, X. Zhao, B. Tang, W. Xu, J. Li, J. Hu and Z. Gu: *Adv. Funct. Mater.*, **20**, 976 (2010).
239) T. Miyata, M. Ueba, C. Ohba and T. Uragami: *Polym. Prepr. Jpn.*, **57**, 4825 (2008).
240) M.P. Lutolf, J.L. Lauer-Fields, H.G. Schmoekel, A.T. Metters, F.E. Weber, G.B. Fields and J.A. Hubbell: *Proc. Natl. Acad. Sci. USA*, **100**, 5413 (2003).
241) N. Yamaguchi, L. Zhang, B.S. Chae, C.S. Palla, E.M. Furst and K.L. Kiick: *J. Am. Chem. Soc.*, **129**, 3040 (2007).
242) S.H. Kim and K.L. Kiick: *Macromol. Rapid Commun.*, **31**, 1231 (2010).
243) M. Ehrbar, R. Schoenmakers, E.H. Christen, M. Fussenegger and W. Weber: *Nat. Mater.*, **7**, 800 (2008).
244) H. Yang, H. Liu, H. Kang and W. Tan: *J. Am. Chem. Soc.*, **130**, 6320 (2008).
245) M. Zelzer, S.J. Todd, A.R. Hirst, T.O. McDonald and R.V. Ulijn: *Biomater. Sci.*, **1**, 11 (2013).
246) S. Fleming and R.V. Ulijn: *Chem. Soc. Rev.*, **43**, 8150 (2014).
247) Y. Kumashiro, W.K. Lee, T. Ooya and N. Yui: *Macromol. Rapid Commun.*, **23**, 407 (2002).
248) M. Kurisawa and N. Yui: *J. Control. Release*, **54**, 191 (1998).

249) T. Yamaguchi, T. Ito, T. Sato, T. Shinbo and S. Nakao: *J. Am. Chem. Soc.*, **121**, 4078 (1999).
250) H. Shibata, Y.J. Heo, T. Okitsu, Y. Matsunaga, T. Kawanishi and S. Takeuchi: *Proc. Natl. Acad. Sci. USA*, **107**, 17894 (2010).
251) A. Matsumoto, N. Sato, T. Sakata, R. Yoshida, K. Kataoka and Y. Miyahara: *Adv. Mater.*, **21**, 4372 (2009).
252) D. Szabó, G. Szeghy and M. Zrínyi: *Macromolecules*, **31**, 6541 (1998).
253) Z. Varga, G. Filipcsei and M. Zrínyi: *Polymer*, **46**, 7779 (2005).
254) T. Mitsumata, A. Honda, H. Kanazawa and M. Kawai: *J. Phys. Chem. B*, **116**, 12341 (2012).
255) T. Naota and H. Koori: *J. Am. Chem. Soc.*, **127**, 9324 (2005).
256) N. Komiya, T. Muraoka, M. Iida, M. Miyanaga, K. Takahashi and T. Naota: *J. Am. Chem. Soc.*, **133**, 16054 (2011).
257) A. Kikuchi and T. Okano: *Prog. Polym. Sci.*, **27**, 1165 (2002).
258) K. Nagase and T. Okano: *J. Mater. Chem. B*, **4**, 6381 (2016).
259) K.L. Wang, J.H. Burban and E.L. Cussler: *Adv. Polym. Sci.*, **110**, 67 (1993).
260) D. Rana and T. Matsuura: *Chem. Rev.*, **110**, 2448 (2010).
261) R. Zhang, Y. Liu, M. He, Y. Su, X. Zhao, M. Elimelech and Z. Jiang: *Chem. Soc. Rev.*, **45**, 5888 (2016).
262) T. Uragami, T. Katayama, T. Miyata, H. Tamura, T. Shiraiwa and A. Higuchi: *Biomacromolecules*, **5**, 1567 (2004).
263) Y. Hoshino, K. Imamura, M. Yue, G. Inoue and Y. Miura: *J. Am. Chem. Soc.*, **134**, 18177 (2012).
264) D. Buenger, F. Topuz and J. Groll: *Prog. Polym. Sci.*, **37**, 1678 (2012).
265) 宮田隆志:『化学便覧応用化学編 II 第 7 版．高分子センサー』(丸善出版, 2014) pp.1231-1322.
266) A. Kawamura and T. Miyata: in "*Biosensors, Biomaterials Nanoarchitectonics*" (ed. M. Ebara). (Elsevier, 2016) pp.157-176.
267) Y. Miura: *Polym. J.*, **44**, 679 (2012).
268) Y. Nagasaki: *Polym. J.*, **43**, 949 (2011).
269) 高井まどか, Y. Xu, J. Sibarani, 石原一彦:高分子論文集, **65**, 228 (2008).
270) K. Haupt and K. Mosbach: *Chem. Rev.*, **100**, 2495 (2000).
271) G. Wulff: *Angew. Chem. Int. Ed. Engl.*, **34**, 1812 (1995).
272) H. Asanuma, T. Hishiya and M. Komiyama: *Adv. Mater.*, **12**, 1019 (2000).
273) H. Asanuma, M. Kakazu, M. Shibata, T. Hishiya and M. Komiyama: *Chem. Commun.*, 1971 (1997).

274) 須磨岡淳,小宮山眞:高分子論文集, **66**, 191 (2009).
275) 竹内俊文,砂山博文:高分子論文集, **73**, 19 (2016).
276) T. Oya, T. Enoki, A.Y. Grosberg, S. Masamune, T. Sakiyama, Y. Takeoka, K. Tanaka, G. Wang, Y. Yilmaz, M.S. Feld, R. Dasari and T. Tanaka: *Science*, **286**, 1543 (1999).
277) T. Enoki, K. Tanaka, T. Watanabe, T. Oya, T. Sakiyama, Y. Takeoka, K. Ito, G. Wang, M. Annaka, K. Hara, R. Du, J. Chuang, K. Wasserman, A. Grosberg, S. Masamune and T. Tanaka: *Phys. Rev. Lett.*, **85**, 5000 (2000).
278) K. Matsumoto, A. Kawamura and T. Miyata: *Macromolecules*, **50**, 2136 (2017).
279) K. Fukazawa and K. Ishihara: *Biosens. Bioelectron.*, **25**, 609 (2009).
280) A.S. Hoffman: *Clin. Chem.*, **46**, 1478 (2000).
281) A.S. Hoffman and P.S. Stayton: *Prog. Polym. Sci.*, **32**, 922 (2007).
282) P.S. Stayton, T. Shimoboji, C. Long, A. Chilkoti, G. Chen, J.M. Harris and A.S. Hoffman: *Nature*, **378**, 472 (1995).
283) Z. Ding, R.B. Fong, C.J. Long, P.S. Stayton and A.S. Hoffman: *Nature*, **411**, 59 (2001).
284) A. Harada, R. Kobayashi, Y. Takashima, A. Hashidzume and H. Yamaguchi: *Nat. Chem.*, **3**, 34 (2011).
285) Z. Hu, Y. Chen, C. Wang, Y. Zheng and Y. Li: *Nature*, **393**, 149 (1998).
286) R. Akashi, H. Tsutsui and A. Komura: *Adv. Mater.*, **14**, 1808 (2002).
287) J.M. Weissman, H.B. Sunkara, A.S. Tse and S.A. Asher: *Science*, **274**, 959 (1996).
288) J.H. Holtz and S.A. Asher: *Nature*, **389**, 829 (1997).
289) Y. Takeoka and M. Watanabe: *Langmuir*, **19**, 9104 (2003).
290) K. Matsubara, M. Watanabe and Y. Takeoka: *Angew. Chem. Int. Ed. Engl.*, **46**, 1688 (2007).
291) Y. Takeoka: *J. Mater. Chem.*, **22**, 23299 (2012).
292) Y. Kang, J.J. Walish, T. Gorishnyy and E.L. Thomas: *Nat. Mater.*, **6**, 957 (2007).
293) J.H. Lee, C.Y. Koh, J.P. Singer, S.J. Jeon, M. Maldovan, O. Stein and E.L. Thomas: *Adv. Mater.*, **26**, 532 (2014).
294) T. Kato: *Science*, **295**, 2414 (2002).
295) S.J. Updike and G.P. Hicks: *Nature*, **214**, 986 (1967).
296) 千畑一郎:『固定化酵素』(講談社, 1982).
297) U. Hanefeld, L. Gardossi and E. Magner: *Chem. Soc. Rev.*, **38**, 453 (2009).
298) A. Sassolas, L.J. Blum and B.D. Leca-Bouvier: *Biotechnol. Adv.*,

30, 489 (2012).
299) M. Miyazaki and H. Maeda: *Trends Biotechnol.*, **24**, 463 (2006).
300) T.G. Park and A.S. Hoffman: *Enzyme, Microb. Technol.*, **15**, 476 (1993).
301) M. Matsukata, Y. Takei, T. Aoki, K. Sanui, N. Ogata, Y. Sakurai and T. Okano: *J. Biochem.*, **116**, 682 (1994).
302) S. Ikegami and H. Hamamoto: *Chem. Rev.*, **109**, 583 (2009).
303) D. Diaz Diaz, D. Kuhbeck and R.J. Koopmans: *Chem. Soc. Rev.*, **40**, 427 (2011).
304) H. Hamamoto, Y. Suzuki, Y.M. Yamada, H. Tabata, H. Takahashi and S. Ikegami: *Angew. Chem. Int. Ed. Engl.*, **44**, 4536 (2005).
305) A.S. Weingarten, R.V. Kazantsev, L.C. Palmer, M. McClendon, A.R. Koltonow, A.P. Samuel, D.J. Kiebala, M.R. Wasielewski and S.I. Stupp: *Nat. Chem.*, **6**, 964 (2014).
306) G. Wang, K. Kuroda, T. Enoki, A. Grosberg, S. Masamune, T. Oya, Y. Takeoka and T. Tanaka: *Proc. Natl. Acad. Sci. USA*, **97**, 9861 (2000).
307) 石原一彦, 畑中研一, 山岡哲二, 大矢裕一:『バイオマテリアルサイエンス』(東京化学同人, 2003).
308) H. Hiratani, Y. Mizutani and C. Alvarez-Lorenzo: *Macromol. Biosci.*, **5**, 728 (2005).
309) R.A. Siegel, M. Falamarzian, B.A. Firestone and B.C. Moxley: *J. Control. Release*, **8**, 179 (1988).
310) A. Matsumoto, T. Kurata, D. Shiino and K. Kataoka: *Macromolecules*, **37**, 1502 (2004).
311) M. Oishi, H. Hayashi, M. Iijima and Y. Nagasaki: *J. Mater. Chem.*, **17**, 3720 (2007).
312) R. Yoshida, K. Sakai, T. Okano and Y. Sakurai: *Adv. Drug. Deliv. Rev.*, **11**, 85 (1993).
313) S. Murdan: *J. Control. Release*, **92**, 1 (2003).
314) K. Nakamae, T. Nizuka, T. Miyata, M. Furukawa, T. Nishino, K. Kato, T. Inoue, A.S. Hoffman and Y. Kanzaki: *J. Biomater. Sci., Polym. Ed.*, **9**, 43 (1998).
315) K. Nakamae, T. Nishino, K. Kato, T. Miyata and A.S. Hoffman: *J. Biomater. Sci., Polym. Ed.*, **15**, 1435 (2004).
316) N.M. Luan, Y. Teramura and H. Iwata: *Biomaterials*, **31**, 8847 (2010).
317) M. Yamamoto, Y. Takahashi and Y. Tabata: *Biomaterials*, **24**, 4375 (2003).
318) N. Yamada, T. Okano, H. Sakai, F. Karikusa, Y. Sawasaki and Y. Sakurai: *Makromol. Chem., Rapid Commun.*, **11**, 571 (1990).

319) Y. Haraguchi, T. Shimizu, T. Sasagawa, H. Sekine, K. Sakaguchi, T. Kikuchi, W. Sekine, S. Sekiya, M. Yamato, M. Umezu and T. Okano: *Nat. Protoc.*, **7**, 850 (2012).
320) H. Sekine, T. Shimizu, K. Sakaguchi, I. Dobashi, M. Wada, M. Yamato, E. Kobayashi, M. Umezu and T. Okano: *Nat. Commun.*, **4**, 1399 (2013).
321) T. Konno and K. Ishihara: *Biomaterials*, **28**, 1770 (2007).
322) H. Oda, T. Konno and K. Ishihara: *Biomaterials*, **34**, 5891 (2013).
323) C.A. DeForest, B.D. Polizzotti and K.S. Anseth: *Nat. Mater.*, **8**, 659 (2009).
324) A.M. Kloxin, A.M. Kasko, C.N. Salinas and K.S. Anseth: *Science*, **324**, 59 (2009).
325) Y. Luo and M.S. Shoichet: *Nat. Mater.*, **3**, 249 (2004).
326) R.G. Wylie, S. Ahsan, Y. Aizawa, K.L. Maxwell, C.M. Morshead and M.S. Shoichet: *Nat. Mater.*, **10**, 799 (2011).
327) D.E. Discher, P. Janmey and Y.L. Wang: *Science*, **310**, 1139 (2005).
328) J. Thiele, Y. Ma, S.M. Bruekers, S. Ma and W.T. Huck: *Adv. Mater.*, **26**, 125 (2014).
329) W.L. Murphy, T.C. McDevitt and A.J. Engler: *Nat. Mater.*, **13**, 547 (2014).
330) A.J. Engler, S. Sen, H.L. Sweeney and D.E. Discher: *Cell*, **126**, 677 (2006).
331) P.M. Gilbert, K.L. Havenstrite, K.E. Magnusson, A. Sacco, N.A. Leonardi, P. Kraft, N.K. Nguyen, S. Thrun, M.P. Lutolf and H.M. Blau: *Science*, **329**, 1078 (2010).
332) C. Yang, M.W. Tibbitt, L. Basta and K.S. Anseth: *Nat. Mater.*, **13**, 645 (2014).
333) S. Kidoaki and H. Sakashita: *PLOS One*, **8**, e78067 (2013).
334) O. Chaudhuri, L. Gu, M. Darnell, D. Klumpers, S.A. Bencherif, J.C. Weaver, N. Huebsch and D.J. Mooney: *Nat. Commun.*, **6**, 6364 (2015).
335) J.H. Seo, S. Kakinoki, T. Yamaoka and N. Yui: *Adv. Healthc. Mater.*, **4**, 215 (2015).
336) E.S. Place, N.D. Evans and M.M. Stevens: *Nat. Mater.*, **8**, 457 (2009).
337) R.K. Das, V. Gocheva, R. Hammink, O.F. Zouani and A.E. Rowan: *Nat. Mater.*, **15**, 318 (2016).
338) 宮田清蔵編:『高分子材料・技術総覧』第3編, 第3章 (産業技術サービスセンター, 2004).
339) M.A. Susan, T. Kaneko, A. Noda and M. Watanabe: *J. Am. Chem. Soc.*, **127**, 4976 (2005).

340) T. Ueki and M. Watanabe: *Macromolecules*, **41**, 3739 (2008).
341) J. Lee and T. Aida: *Chem. Commun.*, **47**, 6757 (2011).
342) T. Sekitani, Y. Noguchi, K. Hata, T. Fukushima, T. Aida and T. Someya: *Science*, **321**, 1468 (2008).
343) T. Sekitani, H. Nakajima, H. Maeda, T. Fukushima, T. Aida, K. Hata and T. Someya: *Nat. Mater.*, **8**, 494 (2009).
344) H. Zhang and P.K. Shen: *Chem. Rev.*, **112**, 2780 (2012).
345) Y. Osada and A. Matsuda: *Nature*, **376**, 219 (1995).
346) A. Lendlein and S. Kelch: *Angew. Chem. Int. Ed.*, **41**, 2034 (2002).
347) M. Behl, M.Y. Razzaq and A. Lendlein: *Adv. Mater.*, **22**, 3388 (2010).
348) A. Lendlein and R. Langer: *Science*, **296**, 1673 (2002).
349) A. Lendlein, H. Jiang, O. Junger and R. Langer: *Nature*, **879**, 434 (2005).
350) I. Bellin, S. Kelch, R. Langer and A. Lendlein: *Proc. Natl. Acad. Sci. USA*, **103**, 18043 (2006).
351) T. Xie: *Nature*, **464**, 267 (2010).
352) M. Ebara, K. Uto, N. Idota, J.M. Hoffman and T. Aoyagi: *Adv. Mater.*, **24**, 273 (2012).
353) R.P. Wool: *Soft Matter*, **4**, 400 (2008).
354) D.Y. Wu, S. Meure and D. Solomon: *Prog. Polym. Sci.*, **33**, 479 (2008).
355) M.W. Urban: *Nat. Chem.*, **4**, 80 (2012).
356) J.A. Syrett, C.R. Becer and D.M. Haddleton: *Polym. Chem.*, **1**, 978 (2010).
357) S.R. White, N.R. Sottos, P.H. Geubelle, J.S. Moore, M.R. Kessler, S.R. Sriram, E.N. Brown and S. Viswanathan: *Nature*, **409**, 794 (2001).
358) K.S. Toohey, N.R. Sottos, J.A. Lewis, J.S. Moore and S.R. White: *Nat. Mater.*, **6**, 581 (2007).
359) P. Cordier, F. Tournilhac, C. Soulie–Ziakovic and L. Leibler: *Nature*, **451**, 977 (2008).
360) X. Chen, M.A. Dam, K. Ono, A. Mal, H. Shen, S.R. Nutt, K. Sheran and F. Wudl: *Science*, **295**, 1698 (2002).
361) K. Ishida and N. Yoshie: *Macromol. Biosci.*, **8**, 916 (2008).
362) B. Ghosh and M.W. Urban: *Science*, **323**, 1458 (2009).
363) M. Burnworth, L. Tang, J.R. Kumpfer, A.J. Duncan, F.L. Beyer, G.L. Fiore, S.J. Rowan and C. Weder: *Nature*, **472**, 334 (2011).
364) Y. Amamoto, J. Kamada, H. Otsuka, A. Takahara and K. Matyjaszewski: *Angew. Chem. Int. Ed. Engl.*, **50**, 1660 (2011).
365) H. Otsuka: *Polym. J.*, **45**, 879 (2013).

366) D.A. Davis, A. Hamilton, J. Yang, L.D. Cremar, D. Van Gough, S.L. Potisek, M.T. Ong, P.V. Braun, T.J. Martinez, S.R. White, J.S. Moore and N.R. Sottos: *Nature*, **459**, 68 (2009).
367) Q. Wang, J.L. Mynar, M. Yoshida, E. Lee, M. Lee, K. Okuro, K. Kinbara and T. Aida: *Nature*, **463**, 339 (2010).
368) D.C. Tuncaboylu, M. Sari, W. Oppermann and O. Okay: *Macromolecules*, **44**, 4997 (2011).
369) D.J. Beebe, J.S. Moore, J.M. Bauer, Q. Yu, R.H. Liu, C. Devadoss and B.H. Jo: *Nature*, **404**, 588 (2000).
370) Y. Shiraki, K. Tsuruta, J. Morimoto, C. Ohba, A. Kawamura, R. Yoshida, R. Kawano, T. Uragami and T. Miyata: *Macromol. Rapid Commun.*, **36**, 515 (2015).
371) L. Dong, A.K. Agarwal, D.J. Beebe and H. Jiang: *Nature*, **442**, 551 (2006).
372) A. Sidorenko, T. Krupenkin, A. Taylor, P. Fratzl and J. Aizenberg: *Science*, **315**, 487 (2007).
373) J. Kim, J. Yoon and R.C. Hayward: *Nat. Mater.*, **9**, 159 (2010).
374) Y.T. Matsunaga, Y. Morimoto and S. Takeuchi: *Adv. Mater.*, **23**, H90 (2011).
375) M. Liu, Y. Ishida, Y. Ebina, T. Sasaki and T. Aida: *Nat. Commun.*, **4**, 2029 (2013).
376) D. Inoue, B. Mahmot, A.M. Kabir, T.I. Farhana, K. Tokuraku, K. Sada, A. Konagaya and A. Kakugo: *Nanoscale*, **7**, 18054 (2015).
377) D. Inoue, T. Nitta, A.M. Kabir, K. Sada, J.P. Gong, A. Konagaya and A. Kakugo: *Nat. Commun.*, **7**, 12557 (2016).
378) R. Yoshida, T. Takahashi, T. Yamaguchi and H. Ichijo: *J. Am. Chem. Soc.*, **118**, 5134 (1996).
379) Y. Shiraki and R. Yoshida: *Angew. Chem. Int. Ed. Engl.*, **51**, 6112 (2012).
380) Y. Shiraki, A.M. Akimoto, T. Miyata and R. Yoshida: *Chem. Mater.*, **26**, 5441 (2014).
381) S. Maeda, Y. Hara, T. Sakai, R. Yoshida and S. Hashimoto: *Adv. Mater.*, **19**, 3480 (2007).
382) T. Masuda, A.M. Akimoto, K. Nagase, T. Okano and R. Yoshida: *Sci. Adv.*, **2**, e1600902 (2016).
383) D. Suzuki, T. Sakai and R. Yoshida: *Angew. Chem. Int. Ed. Engl.*, **47**, 917 (2008).
384) R. Tamate, T. Ueki, M. Shibayama and R. Yoshida: *Angew. Chem. Int. Ed. Engl.*, **53**, 11248 (2014).
385) Y.S. Kim, R. Tamate, A.M. Akimoto and R. Yoshida: *Mater. Horiz.*, **4**, 38 (2017).

索　引

【英数字】

0 次放出, 131
2-メタクリロイルオキシエチルホスホリルコリン, 49
3,4-ジヒドロキシ-L-フェニルアラニン, 41, 51
3D 造形, 52
3D プリンター, 52
AFM, 68
α-フェトプロテイン, 106
α-ヘリックス構造, 87
anomalous diffusion, 21
ATRP, 36
Belousov-Zhabotinsky 反応, 150
BZ 反応, 150
Case II 輸送, 22, 132
CD, 73, 106, 118
χ パラメータ, 90
CLSM, 67
CO_2 分離, 115
DDS, 130
Diels-Alder 反応, 40, 144
DLS, 59
DNA 応答性ゲル, 108
DN ゲル, 75
DOPA, 41, 51
DSC, 69
EPR 効果, 131
Fickian diffusion, 21
Fick の法則, 21
Flory-Huggins 理論, 15
Flory-Rehner 式, 57
FS モデル, 11
「grafting from」法, 50
「grafting to」法, 50
IPN, 34, 90, 134
LCST, 35, 88
LS, 61
MOF, 45
Mooney-Rivlin の関係式, 58
MPC, 49, 83, 117, 130
MSC, 137
μ-TAS, 147
NC ゲル, 74
NIPAAm, 48
NMR, 69
non-Fickian diffusion, 22
N-イソプロピルアクリルアミド, 48
Ornstein-Zernike 関数, 60
PAAc, 86
PAAm, 13, 75, 90
PAMPS, 75, 96
PCPs, 45
PEG, 38, 41, 50, 73, 117, 130
PEO, 35
PHEMA, 80
pH 応答性ゲル, 86
PMEA, 69
PNIPAAm, 48, 63, 74, 88
PVA, 32, 62
PV 法, 114
QCM, 116
RAFT, 36
ROMP, 38
SANS, 61
SAP, 78

170　索引

semi-IPN, 34
SI-ATRP, 51
SLS, 59
SPR, 51, 116
Stokes-Einstein の式, 24
Tetra-PEG, 77
UCST, 35
van der Waals 相互作用, 26
van der Waals ループ, 16
van't Hoff の法則, 15
WANS, 62

【あ】

アガロース, 33, 134
アクアマテリアル, 146
アクチュエータ, 95, 148, 150
アゾベンゼン, 100
アフィン変形, 20, 58
アプタマー, 109
アルギン酸, 33, 135
イオン液体, 94, 139
イオンゲート膜, 111
イオン結合, 26
イオンゲル, 94, 139
イオン伝導率, 139
異常拡散, 21
インジェクタブルポリマー, 93
インテリジェントゲル, 86
インバースオパール構造, 125
インプリンティング後修飾, 119
運動性不均一性, 53
液晶ゲル, 98
液体クロマトグラフィー, 112
エネルギーファネル, 28
エネルギーミニマム, 28
エルゴード仮説, 62
エントロピー弾性, 20
オイルゲル化剤, 42
遅れ時間, 22
折り畳み構造, 28
オルガノゲル, 5

温度応答性カラム, 112
温度応答性ゲル, 88

【か】

カーボンナノチューブ, 96
開環メタセシス重合, 38
化学架橋, 5
化学架橋ゲル, 30
化学ゲル, 5
化学ポテンシャル, 15
可逆ゲル, 5
可逆的付加開裂型連鎖移動, 36
架橋密度, 56
拡散, 21
拡散係数, 21
拡散方程式, 18
核磁気共鳴分光法, 69
下限臨界溶液温度, 35
滑車効果, 73
カッパーフリークリック反応, 39
環境応答性ゲル, 86
幹細胞ニッチ, 138
環動ゲル, 73
含水率, 56
間葉系幹細胞, 137
緩和時間, 19
犠牲結合, 76
キセロゲル, 5
キトサン, 80, 114
逆浸透膜, 114
逆相懸濁重合, 123
吸着法, 127
共焦点レーザー走査顕微鏡, 67
協同拡散係数, 17, 19, 65
共有結合法, 127
強誘電体高分子, 97
金属有機構造体, 45
空間不均一性, 53
クライオ SEM, 66
クライオ TEM, 66
クラウンエーテル, 111, 124

クリック反応, 37
グルコース応答性ゲル, 102
グルコースオキシダーゼ, 102
クレイナノシート, 146
形状記憶ゲル, 141
形状記憶高分子, 141
結合不均一性, 53
ゲル化点, 10
ゲル化理論, 10
ゲル粒子, 46
原子移動ラジカル重合, 36
原子間力顕微鏡, 68
懸濁重合, 46, 47
限外ろ過膜, 114
コイルドコイル, 87, 94
広角中性子散乱, 62
高吸水性高分子, 78
抗血栓性, 69
抗原応答性ゲル, 106
抗原抗体複合体, 106
合成ゲル, 5
酵素, 126
構造色, 123
酵素固定化, 127
酵素固定化ゲル, 127
酵素反応, 40
高分子ゲル, 1
高分子ゲル電解質, 139
高分子固体電解質, 138
小角中性子散乱, 61
固定化酵素, 126
ゴム弾性理論, 20
コラーゲン, 135
コロイド結晶, 123
混合エンタルピー, 15
混合エントロピー, 15
コンタクトレンズ, 80
コントロールドリリース, 131

【さ】

細胞シート, 135
細胞増殖因子, 135
細胞培養, 134
細胞ビーズ, 148
散乱強度, 59
シクロデキストリン, 73, 100, 106, 118
刺激応答性ゲル, 86
自己集合, 42
自己修復材料, 142
示差走査熱分析, 69
磁場応答性ゲル, 111
遮蔽長, 60
自由エネルギー変化, 13
自由体積, 23
自由体積理論, 23
自由水, 69
重量平均分子量, 10
重量平衡膨潤度, 56
樹木モデル, 10
上限臨界溶液温度, 35
状態方程式, 13
徐放性, 131
シリカゲル, 112
自励振動ゲル, 150
浸透圧, 14
浸透気化法, 114
親油性高分子電解質, 78
水晶発振子マイクロバランス測定法, 116
水素結合, 26
数平均重合度, 10
スケーリング則, 24
ステルス性, 133
ストレプトアビジン, 121
スピロピラン, 100
スペックルパターン, 64
スマートゲル, 86
生体適合性, 129
生体分子インプリントゲル, 105
生体分子応答性ゲル, 102, 105
生体分子架橋ゲル, 105

生体分子モーター, 149
静的光散乱, 59
精密ろ過膜, 114
接触角, 83
セミ IPN, 34
ゼラチン, 135
セルロース, 114
せん断弾性率, 20, 58
相関関数, 59
相関長, 24, 60, 65
相互作用パラメータ, 14, 57
相互侵入高分子網目, 34
走査型電子顕微鏡, 66
ソープフリー乳化重合, 46
速度論, 17
疎水化プルラン, 48
疎水性相互作用, 26
ゾル-ゲル相転移, 44, 54, 88
ゾル-ゲル相転移ポリマー, 92
ゾル-ゲル反応, 32

【た】

ターゲティング, 131
体積相転移, 13
体積平衡膨潤度, 55
多孔配位高分子, 45
多重相, 28
ダブルネットワークゲル, 75
弾性率, 20, 137
単層チタン酸ナノシート, 74
チオール—エンクリック反応, 39, 136
チオールクリック反応, 37
逐次生成法, 34
中間水, 69
中性子散乱, 59
超分子ゲル, 42
貯蔵弾性率, 55
沈殿重合, 48
デキストランゲル, 112
電界効果トランジスタ, 111

天然ゲル, 5
電場応答性ゲル, 95
電歪現象, 97
透過型電子顕微鏡, 66
同時生成法, 34
透析膜, 114
動的光散乱, 59
導電性高分子, 97
トポロジー的不均一性, 53
トポロジカルゲル, 73
ドラッグデリバリーシステム, 130
トランスグルタミナーゼ, 41

【な】

ナノゲル, 46, 48
二次電池, 138
乳化重合, 46

【は】

パーコレーションモデル, 11
パーベーパレーション, 114
排除体積, 17, 50
破壊エネルギー, 73
バッキーゲル, 96, 140
ヒアルロン酸, 135
ビオチン, 121
光応答性ゲル, 99
光散乱, 59, 61
非特異的吸着, 117
ヒドロゲル, 5
ヒドロゲル化剤, 43
表面開始原子移動ラジカル重合, 51
表面改質, 49
表面自由エネルギー, 85
表面プラズモン共鳴, 51, 116
ファイバー構造, 43
ファウリング, 114
フェニルボロン酸, 103, 136
フォールディング, 27
フォトニックゲル, 125
不可逆ゲル, 5

不均一性, 53
不均質性, 53
物理架橋, 5
物理架橋ゲル, 30
物理吸着法, 49
物理ゲル, 5, 42
不凍水, 69
フラクタル次元, 12
プルロニック, 88
分散重合, 46, 47
分子インプリント法, 106, 117, 132
分子インプリントポリマー, 118
分子応答性ゲル, 102
分子間相互作用, 25
分子糊, 146
分子シャペロン機能, 49
分離膜, 114
ペプチドライゲーション, 40
包括法, 127
膨潤曲線, 16
膨潤度, 55
包接錯体, 100
ホースラディシュペルオキシダーゼ, 41
ポリ(2-アクリルアミド-2-メチルプロパンスルホン酸), 96
ポリ(2-ヒドロキシエチルメタクリレート), 80
ポリ(2-メトキシエチルアクリレート), 69
ポリ(L-乳酸), 92
ポリ(N-イソプロピルアクリルアミド), 48
ポリアクリルアミドゲル, 13
ポリアクリル酸, 78, 86
ポリエチレンオキシド, 35
ポリエチレングリコール, 38
ポリサイラミンゲル, 87
ポリビニルアルコール, 32
ポリビニルエーテル, 35, 88
ポリビニルメチルエーテル, 90
ポリピロール, 97
ポリマーブラシ, 50
ポリロタキサン, 73
ポロキサマー, 88

【ま】

マイクロ化学分析システム, 147
マイクロ流路, 147
摩擦係数, 82
マシュマロゲル, 78
マトリックスメタロプロテアーゼ, 108
ミクロゲル, 46
ミニエマルション重合, 47
無機ゲル, 5, 32
メカノバイオロジー, 137
モレキュラーグルー, 146

【や】

有機—無機ナノコンポジットゲル, 74
有機—無機ハイブリッドゲル, 5
有機ゲル, 5, 32
有効架橋密度, 57
有効拡散係数, 18

【ら】

ランダム構造, 87
リポゲル, 5
理論膨潤曲線, 17
リン脂質ポリマー, 83, 136
レオロジー測定, 55
レクチン, 105

著者紹介

宮田 隆志（みやた たかし）

1989年　神戸大学大学院工学研究科修士課程修了
現　在　関西大学化学生命工学部化学・物質工学科 教授
　　　　博士（工学）

高分子基礎科学 One Point 6 **高分子ゲル** *Polymer Gels* 2017年5月25日　初版1刷発行 2019年4月1日　初版2刷発行	編　集　高分子学会　　ⓒ 2017 著　者　宮田　隆志 発行者　南條光章 発行所　**共立出版株式会社** 　　　　郵便番号　112-0006 　　　　東京都文京区小日向4-6-19 　　　　電話　03-3947-2511（代表） 　　　　振替口座　00110-2-57035 　　　　www.kyoritsu-pub.co.jp 印　刷　大日本法令印刷 製　本　協栄製本
検印廃止 NDC 578 ISBN 978-4-320-04440-1	一般社団法人 　　　　　　　　自然科学書協会 　　　　　　　　会員 Printed in Japan